**Architecture Design**
Reading this is enough

陈根
编著

# 建筑设计
## 看这本就够了 全彩升级版

化学工业出版社
·北京·

本书紧扣当今建筑设计学的热点、难点和重点，主要内容涵盖了广义建筑设计所包括的建筑设计概论、世界建筑设计简史、建筑平面图设计、建筑造型设计、建筑材料的发展应用与新技术、建筑设计中的人体工程学、建筑设计趋势及设计师与建筑设计等方面的内容，全面介绍了建筑设计相关学科的相关知识和所需掌握的专业技能。同时在各个章节中精选了很多与理论紧密相关的图片和案例，增加了内容的生动性、可读性和趣味性。本书可供建筑行业内从事建筑设计的专业人士以及相关专业师生参考。

**图书在版编目（CIP）数据**

建筑设计看这本就够了：全彩升级版 / 陈根编著
. -- 北京：化学工业出版社，2019.9
ISBN 978-7-122-34767-1

Ⅰ. ①建… Ⅱ. ①陈… Ⅲ. ①建筑设计 Ⅳ. ①TU2

中国版本图书馆 CIP 数据核字（2019）第 127134 号

责任编辑：王 烨 邢 涛 项 潋　　美术编辑：王晓宇
责任校对：张雨彤　　　　　　　　　装帧设计：水长流文化

出版发行：化学工业出版社（北京市东城区青年湖南街 13 号　邮政编码 100011）
印　　装：北京东方宝隆印刷有限公司
710mm×1000mm　1/16　印张 14¼　字数 281 千字　2019 年 10 月北京第 1 版第 1 次印刷

购书咨询：010-64518888　　　售后服务：010-64518899
网　　址：http://www.cip.com.cn
凡购买本书，如有缺损质量问题，本社销售中心负责调换。

定　价：89.00 元

# 前言

消费是经济增长重要"引擎",是中国发展巨大潜力所在。在稳增长的动力中,消费需求规模最大,和民生关系最直接。

供给侧改革和消费转型呼唤"工匠精神","工匠精神"催生消费动力,消费动力助力企业成长。中国经济正处于转型升级的关键阶段,涵养中国的现代制造文明,提炼中国制造的文化精髓,将促进我国制造业由大国迈向强国的转变。

而设计是什么呢?我们常常把"设计"两个字挂在嘴边,比方说那套房子装修得不错、这个网站的设计很有趣、那张椅子的设计真好、那栋建筑好另类……设计俨然已成为日常生活中常见的名词了。2015年10月,国际工业设计协会(ICSID)在韩国召开第29届年度代表大会,沿用近60年的"世界工业设计协会 ICSID"正式改名为"国际设计组织 WDO"(World Design Organization),会上发布了设计的最新定义。新的定义如下:设计旨在引导创新、促发商业成功及提供更好质量的生活,是一种将策略性解决问题的过程应用于产品、系统、服务及体验的设计活动。它是一种跨学科的专业,将创新、技术、商业、研究及消费者紧密联系在一起,共同进行创造性活动,并将需解决的问题、提出的解决方案进行可视化,重新解构问题,并将其作为建立更好的产品、系统、服务、体验或商业网络的机会,提供新的价值以及竞争优势。设计是通过其输出物对社会、经济、环境及伦理方面问题的回应,旨在创造一个更好的世界。

由此我们可以理解,设计体现了人与物的关系。设计是人类本能的体现,是人类审美意识的驱动,是人类进步与科技发展的产物,是人类生活质量的保证,是人类文明进步的标志。

设计的本质在于创新,创新则不可缺少"工匠精神"。本系列图书基于"供给侧改革"与"工匠精神"这两对时代"热搜词",洞悉该背景下的诸多设计领域新的价值主张,立足创新思维而出版，包括了《工业设计看这本就够了》《平面设计看这本就够了》《家具设计看这本就够了》《商业空间设计看这本就够了》《网店设计看这本就够了》《环境艺术设计看这本就够了》《建筑设计看这本就够了》《室内设计看这本就够了》共8本。

本系列图书紧扣当今各设计学科的热点、难点与重点，构思缜密，精选了很多与理论部分紧密相关的案例，可读性高，具有较强的指导作用和参考价值。

本系列图书第一版出版已有两三年的时间，近几年随着供给侧改革的不断深入，商业环境和模式、设计认知和技术也以前所未有的速度不断演化和更新，尤其是一些新的中小企业凭借设计创新而异军突起，为设计知识学习带来了更新鲜、更丰富的实践案例。

该修订版，一是方面对内容体系进一步梳理，全面精简、重点突出；二是，在知识点和案例的结合上，更加优化案例的选取，增强两者的贴合性，让案例真正起到辅助学习知识点的作用；三是增加了近几年有代表性的商业实例，突出新商业、新零售、新技术，删除年代久远、陈旧落后的技术和案例。

本书紧扣当今建筑设计学的热点、难点与重点，主要内容涵盖了广义建筑设计所包括的建筑设计概论、世界建筑设计简史、建筑平面图设计、建筑造型设计、建筑材料的应用及绿色创新设计、建筑设计中的人体工程学、建筑设计趋势及设计师与建筑设计等方面的内容，全面介绍了建筑设计相关学科的相关知识和所需掌握的专业技能。

本书由陈根编著。陈道利、朱芋锭、陈道双、李子慧、陈小琴、高阿琴、陈银开、周美丽、向玉花、李文华、龚佳器、陈逸颖、卢德建、林贻慧、黄连环、石学岗、杨艳为本书的编写提供了帮助，在此一并表示感谢。

由于作者水平及时间所限，书中不妥之处，敬请广大读者及专家批评指正。

编著者

# CONTENTS

# 目录

## 01 建筑设计概论

## 02 世界建筑设计简史

# 03 建筑平面图设计

# 04 建筑造型设计

# 05 建筑材料的发展应用与新技术

# 06 建筑设计中的人体工程学

# 07 建筑设计趋势

# 08 设计师与建筑设计

# 01

# 建筑设计
# 概论

# 1.1 建筑概述

## 1.1.1 建筑的概念

从广义上来说，建筑学是研究建筑及其环境的学科。建筑学是一门横跨工程技术和人文艺术的学科。建筑学所涉及的建筑艺术和建筑技术，以及作为实用艺术的建筑艺术所包括的美学的一面和实用的一面，它们虽有明确的不同但又密切联系，并且其分量随具体情况和建筑物的不同而大不相同。

建筑的内涵比较广，概括来讲，有如下几个方面。

**（1）建筑是庇护所**

庇护所是建筑最原始的含义。庇护所是指可以让人们免受恶劣天气和敌兽侵袭的场所。

在原始社会时期，原始人类改造自然的能力极其低下，居住在天然洞穴之中。洞穴就是原始人类的庇护所，是原始人类躲避风霜雨雪的场所。洞穴是最原始的居住空间——穴居，该生活方式主要集中在当时黄河流域的黄土地带。穴居发展序列示意见图 1-1。

**（2）建筑是由实体和虚无所组成的空间**

从空间的角度上讲，建筑空间有建筑内环境和建筑外环境。建筑内环境中的实体是指门、窗、墙体、柱子、梁、板等结构构件。建筑内环境中的虚无是实体所围合的部分。建筑外环境是若干栋建筑所围合形成的空间环境，包括植物、道路、水体、景观设施等要素，这构成了建筑外部环境，是"虚"的空间；而若干建筑是实体部分。

**（3）建筑是三维空间和时间组成的统一体**

无论是建筑内部空间还是建筑外部形态，都有相应的长度、宽度和高度之分，这些构成了建筑的三维空间，从而使人们可以多角度、立体地观察建筑形象。时间作为建筑的另一载体，赋予了建筑更加深刻的内涵，如展览馆或博物馆中反映历史题材的展品，通过采用声、光、电等技术实现历史场景的再现，让观众有种身临其境的感受；再如，圆明园建筑遗址成为时间和空间的载体，承载了中国晚清时期被侵略的历史，成为一部生动的历史教科书。如图 1-2 所示为圆明园建筑遗址。

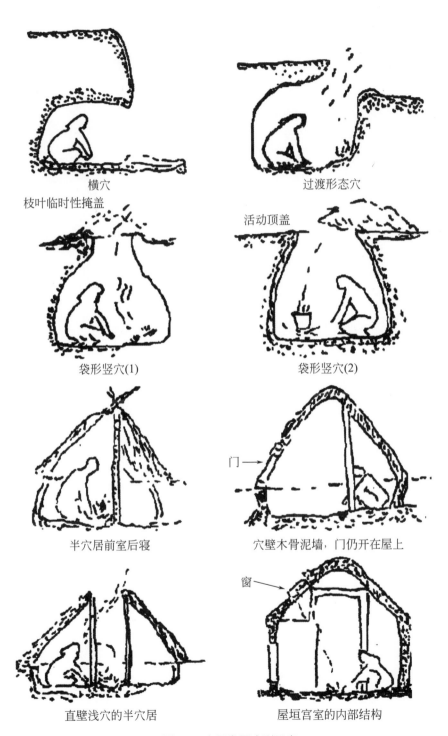

横穴
枝叶临时性掩盖

过渡形态穴

活动顶盖

袋形竖穴(1)

袋形竖穴(2)

半穴居前室后寝

穴壁木骨泥墙，门仍开在屋上

直壁浅穴的半穴居

屋垣宫室的内部结构

● 图1-1  穴居发展序列示意

● 图1-2 圆明园建筑遗址

**（4）建筑是艺术和技术的综合体**

建筑设计是一门艺术设计，主要反映在建筑表现上。对于建筑创作者而言，建筑表现应体现艺术审美的一般规律，符合人们的审美情趣，与设计主题紧密联系。同时，建筑创作也离不开技术支持，建筑技术为建筑艺术的实现提供支持，主要反映在建筑材料、建筑结构、建筑施工等方面的应用。

## 案例

# 3 Deluxe 阿拉伯联合酋长国沙迦阿尔诺尔岛蝴蝶鸟舍

蝴蝶鸟舍（The Butterfly Aviary）由德国设计工作室3 Deluxe设计（图1-3）。

在潟湖岛上，建筑师设计了一个2.5公顷的跨媒体景观公园，内穿插了不同主题的展馆和建筑。该项目位于蝴蝶馆中央，金色的屋顶能够遮阳。这座多边形建筑是一个人工生态系统，密封气候表皮系统内提供了适合蝴蝶生存的热带雨林群落生态环境。生物圈的钢结构覆盖了玻璃幕墙立面，创造了室内外空间的最小障碍。有机形态的天窗形成了独特的视线，并利用金色的叶状屋顶过滤光线。进入室内的光与影创建了内部生态环境的氛围。

● 图1-3 蝴蝶鸟舍

（5）建筑内涵的其他提法

有人说："建筑是凝固的音乐""音乐是流动的建筑"这两句话显示出建筑与音乐之间有许多相通或相似之处。例如，在建筑立面造型上讲究建筑元素的节奏感和韵律美，在音乐中运用节奏、旋律、强弱、装饰音等表达情感。

日本当代建筑大师安藤忠雄提出："建筑是生活的容器。"人们生活不仅仅为了生存，还需要工作、人际交往、健身、娱乐、学习等。如果将建筑比喻为"容器"，墙面和屋顶就是容器的外壳，建筑作为容器需要满足人们日常生活中的全部需求。

许多建筑师针对中国古代建筑发展特色，提出"建筑是一部木头的史书"。中国古代建筑主要以木结构建筑为主，其建筑类型涵盖了民居建筑、园林建筑、陵墓建筑、宗教建筑、宫殿坛庙建筑等。也有一些建筑学家根据西方建筑发展特点，认为"建筑是一部石头的史书"。西方古代建筑是以砖石结构建筑为主，其建筑类型涵盖了纪念性建筑、宗教建筑、宫殿建筑、体育建筑、居住建筑、陵墓建筑等。这两种提法从两个不同侧面反映出建筑发展的特征。

关于建筑的内涵，现代建筑大师还有以下观点：法国著名建筑师、机械美学理论的奠基人勒·柯布西耶（1887—1965）提出"建筑是住人的机器"；美国建筑大师弗兰克·劳埃德·赖特（1867—1959）认为"建筑是用结构来表达思想的科学性艺术"等。

## 1.1.2 建筑的基本构成要素

### 1.1.2.1 建筑的功能

不同的建筑类型有着不同的建筑功能，但均要满足基本的功能要求。

（1）使用功能要求

建筑使用功能不同，建筑设计的要求也有所差异。例如，火车站候车大厅要求满足旅客检票与登车之前休息的功能；影剧院要求视听效果良好、观众疏散速度快；展览馆与博物馆要求展品合理布局，参观者有简捷、完整的观摩路线；商场要求客流与货流互不干扰；计算机实验中心要求用电安全、室内保持良好的通风；高速公路上的服务区建筑要求具备购物、休息、餐饮的功能；幼儿园要求幼儿生活用房、工作人员服务用房和后勤人员供应用房具备相对独立设置等功能。

案例

## 里斯本东方火车站

西班牙建筑师卡拉特拉瓦将里斯本车站设计成一个完善的交通枢纽，将火车、地铁、普通客车、公共汽车和地下停车场等有机地连接在一起（图1-4）。

● 图1-4　里斯本东方火车站

（2）尺度要求

对于建筑尺度而言，建筑的尺度和建筑设计目标应统一。例如，人民英雄纪念碑有一种庄严、雄伟、挺拔的尺度感。对于室内空间而言，室内空间尺度应满足人们在室内活动的需要，尺寸不宜过大或过小。例如，平层住宅的建筑层高宜为3m，尺寸过大不仅浪费相应的建筑材料，而且给人空荡荡的感受；尺寸过小会使人们心理上产生压抑感甚至影响使用功能。对于室内空间中的家具而言，尺度上应满足人们的使用要求，如卧室中矩形双人床的宽度应在1500～1800mm，长度应在1800～2100mm，床头靠背应距离地面1060mm左右。

（3）物理性能要求

建筑设计要达到节能要求，而建筑要有良好的保温、隔热、隔声、防火、防潮、采光和通风等物理性能，这也是人们创造实用、舒适的工作、生活、学习环境所必备的条件。例如，近年来Low-E玻璃因其优异的保温隔热性能已在建筑物门窗设计与施工中逐步普及，同时可以有效避免光污染；在影剧院观众厅的吸声天花板上加设一层隔声吊顶，可以有效解决因影剧院上部结构传来的噪声对视听环境的干扰；自动喷水灭火系统普遍应用在大型商场、酒店、办公楼中，当建筑物发生火灾时可以起到自动喷水灭火的功能；老年人公寓、敬老院、养老院等建筑不应低于冬至日（一般在公历12月22日或12月23日）日照2h的标准等。

### 1.1.2.2　建筑的物质技术条件

（1）建筑结构技术

随着建筑科技的不断发展，建筑结构技术日新月异，无论是富有强烈时代气息的大跨度的场馆建筑、高耸的摩天大楼，还是带有传统仿旧韵味的特色建筑，建筑结构技术都应用在建筑设计与建筑施工中。

**（2）建筑材料创新与应用**

建筑材料是随着科技的发展而不断革新的。从木材建筑到砖瓦建筑，再到后来出现的钢铁、水泥、混凝土及其他材料，它们为现代建筑的发展奠定了基础。20世纪后，保温隔热材料、吸声降噪材料、耐火防火材料、防水抗渗材料、防爆防辐射材料应运而生，尤其塑胶材料的出现给建筑创作开辟了新的空间。这些新型建筑材料往往被建筑师应用在地标性建筑上。

**（3）建筑施工**

建筑施工是指建筑设计单位在建筑施工图纸完成之后，施工单位依据图纸要求在指定地点实施建筑建设的生产活动。建筑施工包括施工技术和施工组织两个方面。

当今的建筑施工普遍存在建筑工程规模大、建设周期长、施工技术复杂、质量要求高、工期限制严格、工作环境艰苦、不安全因素相对较多等特点，因此，提高建筑施工技术及加强建筑施工组织显得尤为重要。

## 1.1.2.3　建筑形象

**（1）建筑的内部空间形象**

建筑室内空间的尺度、界面的造型、家具和陈设品等要素构成了建筑内部空间形象。不同的建筑内部空间形象会给人们不同的感受。

**（2）建筑的外观形象**

建筑的外观形象主要指建筑形体、建筑外部立面和屋顶形态、细部装饰构造等。

### 案例

## LODOVNIA 店铺

设计师为该店设计了一个极具艺术感的立面（图1-5），将近1000个白色圆筒从深色的墙面上竞相伸出，代表了LODOVNIA最具人气的天然圆筒冰淇淋。

室内也是由黑白两色组成，天然复合木材制成的三角形元素为空间增添了一些暖意。无论是三角形装饰还是冰淇淋圆筒，都和LODOVNIA的logo字母"V"相联系，使建筑与店铺本身的视觉识别系统达成和谐统一（图1-6）。

●图1-5 造型设计

●图1-6 室内设计

**（3）建筑的色彩形象**

建筑色彩形象主要指建筑外立面建筑材料的色彩搭配、装饰色彩，建筑内部空间装饰装修后的色彩搭配等。

# 1.2 建筑设计概述

## 1.2.1 建筑设计的概念

在古代，建筑技术和社会分工比较单纯，建筑设计和建筑施工并没有很明确的界限，施工的组织者和指挥者往往也就是设计者。在欧洲，由于以石料作为建筑物的主要材料，这两种工作通常由石匠的首脑承担；在中国，由于建筑以木结构为主，这两种工作通常由木匠的首脑承担。他们根据建筑物主人的要求，按照师徒相传的成规，加上自己一定的创造，营造建筑并积累了建筑文化。在近代，建筑设计和建筑施工分离开来，各自成为专门学科。这在西方是从文艺复兴时期开始萌芽的，到产业革命时期才逐渐成熟；在中国则是清代后期在外来文化的影响下逐步形成的。

随着社会的发展和科学技术的进步，建筑所包含的内容、所要解决的问题越来越复杂，涉及的相关学科越来越多，材料上、技术上的变化越来越迅速，单纯依靠师徒相传、经验积累的方式，已不能适应这种客观现实。加上建筑物往往要在很短时期内竣工使用，难以由匠师一身二任，客观上需要更为细致的社会分工，这就促使建筑设计逐渐成为一门独立的分支学科。

建筑设计（Architecture Design）是指建筑物在建造之前，设计者按照建设任务，把施工过程和使用过程中所存在的或可能发生的问题，事先做好通盘的设想，拟定好解决这些问题的办法、方案，并用图纸和文件表达出来。作为备料、施工组织工作和各工种在制作、建造工作中互相配合协作的共同依据。便于整个工程得以在预定的投资限额范围内，按照周密考虑的预定方案，统一步调，顺利进行，并使建成的建筑物充分满足使用者和社会所期望的各种要求。

## 1.2.2 建筑设计的特征

**（1）建筑设计是一种以技术为支撑的创意活动——创造性**

建筑具有实用功能，需要通过一定的技术手段来实现，同时，它也是人们日常生活中大量的视觉艺术形式的一种。作为设计活动的一种，建筑设计源于生活，创造性是建筑设计活动的主要特点，艺术和审美的表达无疑是其核心内容，甚至可以说在某种程度上超越了功能和技术的控制。

**（2）建筑设计是一门综合性学科——综合性**

建筑设计活动涉及多学科的知识内容，是多学科知识的综合运用。建筑师既要具有美学、艺术、文化、哲学、心理等人文修养，同时也要掌握建筑材料与构造、建筑经济、建筑设备、建筑物理等技术知识，了解行业法规，同时应具有一定的统筹能力，能组织与协调各专业人员高效工作。建筑师不仅是建筑作品的主要创作者，而且是建筑设计活动中的组织者和协调者。

（3）建筑设计是追求协调与平衡的社会性活动——社会性

建筑师的创作活动不能脱离他自身的生活背景、价值取向、审美喜好、思想意识等因素的影响，同时，业主的个性爱好也会影响建筑设计活动。因此，建筑设计活动是社会性的活动，建筑师必须平衡和协调各方面矛盾，寻求社会效益、经济效益、环境效益、个性创造的平衡点，尽力满足多元化社会的多种需求，尊重文化、尊重环境、关怀人性。

## 案例

### 日本园林枯山水庭院

枯山水庭院是源于日本禅宗寺院的缩微式园林景观，相对于普通人，禅宗庭院内布置的树木、岩石、天空、土地等在修行者眼里它们都是一个个玄妙的世界。发展至后来，灌木、小桥、岛屿甚至园林不可缺少的水体等造园惯用要素均被一一剔除，仅留下岩石、沙砾和在荫蔽处自发生长的一块块苔地，这些成为日本枯山水

●图1-7　枯山水庭院

庭院典型的必不可少的主要构成要素，对人的心境产生着神奇的力量（图1-7）。

（4）建筑设计是典型的团队协作活动——协作性

当代城市建筑建设规模越来越大，综合性增强，功能日益复合多元。随着当代科学技术的迅速发展，分工细化，建筑设计日益成为一种典型的团队协作活动，建筑师在建筑设计活动中必须依靠与其他专业工程师的密切配合才能顺利地完成设计工作。

## 1.2.3 建筑设计分类

不同的建筑，其设计要求和相应的执行标准也不尽相同。准确区分建筑的类别是进行建

筑设计必须掌握的基本知识。一般来说，建筑类别可以根据以下几个方面进行划分。

### 1.2.3.1 根据功能和用途分类

建筑按照功能和用途可分为生产性建筑和非生产性建筑两大类，其中生产性建筑主要是指工业建筑和农业建筑两种，而非生产性建筑则是指民用建筑。

（1）民用建筑

民用建筑是指供人们居住和进行各种活动的建筑。民用建筑根据用途的不同，又可以分为居住建筑和公共建筑两大类。

① 居住建筑。居住建筑（图1-8）是指供人们居住的各种建筑，主要包括住宅和宿舍两类。

② 公共建筑。公共建筑（图1-9）是指供人们进行各种社会活动的建筑，主要包括行政办公、文教、托幼、医疗、商业、观演、体育、旅馆、交通、通信广播、科研、园林和纪念性建筑等。

●图1-8　新型低能耗公寓Bruck　　　　●图1-9　新加坡体育中心

（2）工业建筑

工业建筑是指为工业生产服务的建筑物与构筑物的总称，主要包括各种车间、辅助用房、生活间，以及相应的配套设施，如烟囱、水塔和水池等。

（3）农业建筑

农业建筑是指为农业生产服务的建筑物与构筑物的总称，主要包括粮仓、水库、机井、拖拉机站、种子库房、温室和饲养场等。

### 1.2.3.2　根据结构用材分类

根据建筑承重结构的材料不同，可将建筑分为以下几种。

**（1）木结构建筑**

木结构建筑是指以木材作为房屋承重骨架的建筑。木结构具有自重轻、构造简单和施工方便等优点；但因木材易腐、不防火，并且我国森林资源较少，所以除极少数地区使用外，木结构现在已经很少采用。

2015年意大利米兰世博会泰国馆的入口（图1-10）就是一个巨大的木质结构体，模仿的是泰国农民和小摊贩戴的一种叫作ngob的传统帽子。

●图1-10　2015年意大利米兰世博会泰国馆
入口设计

**（2）砖（石）结构建筑**

砖（石）结构建筑是指以砖或者石材作为承重墙、柱和楼板的建筑。这种结构便于就地取材，且造价相对低廉；但自重大，整体性能相对较差，不宜用于地震设防地区或者地基软弱的地区。

●图1-11　荷兰ArtA文化中心外层设计

荷兰ArtA文化馆项目，由日本著名建筑师隈研吾带领的团队设计（图1-11），外层采用红黏土瓦片做成的"金银丝细工屏幕"网状结构的丝细墙，保护敏感的画廊免受阳光直射。同时，幕墙的透明度增强了内部和外部空间之间的视觉联系。

**（3）钢筋混凝土结构建筑**

钢筋混凝土结构建筑是指以钢筋混凝土作为承重构件的建筑。它坚固耐久、防火、可塑性强，在当今建筑领域中应用较广。

**（4）钢结构建筑**

钢结构建筑是指结构的全部或者大部分由钢材制作的建筑。钢结构力学性能好，便于制作与安装，结构自重轻，特别适宜于高层、超高层和大跨度建筑。

### 1.2.3.3 根据结构形式分类

结构是建筑物的骨架，是承力体系，组成该体系的最小单元是构件，如墙体、柱、梁、板等。根据承担建筑荷载的构件不同，可以将建筑物大致划分为以下几种。

**（1）墙承重结构**

墙承重结构是指结构的荷载通过墙体（砖墙、石墙、砌块墙、钢筋混凝土墙等）来承担的结构体系，如悬崖餐厅，见图1-12。

**（2）框架承重结构**

框架承重结构是指由梁、柱组成的框架来承担结构荷载与作用的受力体系，如马耳他海上浮亭，见图1-13。

**（3）空间结构**

空间结构是指为形成内部所需的大空间，通过特殊的结构构件围合而成的结构体系，如网架、悬索、薄壳等（图1-14）。

### 1.2.3.4 根据建筑高度分类

**（1）建筑高度**

① 定义。建筑高度是指从建筑物室外地面到檐口或屋面面层的高度。

② 确定方法

a.对于坡屋面，建筑高度应为建筑物

●图1-12 悬崖餐厅

●图1-13 马耳他海上浮亭

●图1-14 鲜花般盛开的自然住宅

室外设计地面到其屋檐和屋脊的平均高度（通常理解为山尖的一半处）。

b.对于平屋面（包括有女儿墙的平屋面），建筑高度应为建筑物室外设计地面到其屋面面层的高度。

c.当同一建筑有多种屋面形式时，建筑高度应按上述方法分别计算后，取其中最大值。

d.局部凸出屋面的楼梯间、电梯机房、水箱间等辅助用房占屋顶平面面积不超过1/4者；凸出屋面的通风道、烟囱、装饰构件、花架、通信设施以及空调冷却塔等设备，可不计入建筑高度内。

e.对于阶梯式地坪，同一建筑的不同部位可能处于不同高程的地坪上。此时，建筑高度的确定原则是：当位于不同高程地坪上的同一建筑之间设有防火墙分隔，各自有符合要求的安全出口，且可沿建筑的两个长边设置消防车道或设有尽头式消防车道时，可分别计算建筑高度。否则，仍应按其中建筑高度最大值确定。

**（2）层高**

层高是指上下两层楼面或楼面与地面之间的垂直距离。

通常，建筑物各层之间以楼、地面面层的垂直距离计算，屋顶层由该层楼面面层至平屋面的结构面层或至坡顶的结构面层与外墙外皮延长线交点的垂直距离计算。

**（3）自然层数**

自然层数是指按楼板、地板结构分层的楼层数。

建筑的地下室、半地下室的顶板面高出室外设计地面的高度不超过1.5m者，建筑底部设置的高度不超过2.2m的自行车库、储藏室、敞开空间，以及建筑屋顶上凸出的局部设备用房、出屋面的楼梯间等，可不计入建筑层数内。住宅顶部为两层一套的跃层，可按1层计，其他部位的跃层、顶部多于两层一套的跃层，其层数应计入建筑的总层数中。

**（4）分类**

① 住宅建筑。住宅建筑中，1～3层为低层建筑；4～6层为多层建筑；7～9层为中高层建筑；10层以上为高层建筑。此外，建筑高度大于27m的住宅建筑也定义为高层建筑。

② 公共建筑及综合性建筑。公共建筑及综合性建筑中，总高度超过24m者为高层建筑（不包括总高度超过24m的单层主体建筑）。

③ 建筑高度超过100m时，不论住宅或公共建筑，均为超高层建筑。

## 1.2.3.5　根据建筑量级分类

建筑物根据其规模与数量可分为大量性建筑和大型性建筑两大类。

（1）大量性建筑

大量性建筑一般是指量大面广，与人们生活密切相关的建筑，如住宅、商店、旅馆、学校等。这些建筑在城市与乡村都是不可缺少的，修建数量很大，故称为大量性建筑（图1-15）。

（2）大型性建筑

大型性建筑是指建筑规模庞大，耗资巨大，不能随意随处修建，而且修建数量有限的建筑，如大型体育馆、大型办公楼、大型剧院、大型车站、博物馆、航空港等（图1-16）。

●图1-15　巴黎东郊失落的后现代建筑群"未来的纪念品"

### 1.2.4 建筑设计基本程序

建筑设计程序是指在建筑设计活动中从最初的设计概念向设计目标逐渐发展的过程。中国现行的建筑设计程序大致分为四个阶段，即前期准备、方案设计、初步设计和施工图设计，如图1-17所示。

（1）前期准备

前期准备主要包括研究设计依据，收集原始资料，现场踏勘及调查研究。前期准备主要的工作成果包括7个方面：①可行性研究报告；②规划局核定的用地位置、界限、核发的《建设用地规划许可证》；③有关政策、法令、规范、标准；④气象资料、地质条件、地理环境；⑤市政设施供应情况；⑥建设单位的使用要求及所提

●图1-16　意大利建筑师Stefano Boeri设计的一幢住宅性质的概念摩天大楼"La Tour des Cedres"

供的设计要求；⑦设计合同。

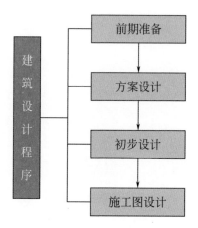

● 图1-17　建筑设计基本程序

**（2）方案设计**

建筑方案设计是建筑设计程序中的关键环节，在这一环节中，建筑师的设计思想和意图将被确立并形象化。方案设计对建筑设计过程所起的作用是有开创性和指导性的。方案设计的内容主要包括设计文件和建设项目投资估算。

**（3）初步设计**

建筑初步设计主要包括设计文件和建设项目设计概算。建筑初步设计文件应当满足编制施工招标文件、主要设备材料订货和编制建筑施工图设计文件的需要。

**（4）施工图设计**

建筑施工图设计主要包括设计文件和施工图预算两个部分的内容。建筑施工图设计文件应当满足设备材料采购、非标准设备制作和施工的需要，并注明建设工程的合理使用年限。

# 02
# 世界建筑
# 设计简史

# 2.1　西方古代建筑史

## 2.1.1　古希腊建筑

古希腊建筑以神庙建筑最为发达，其对后续建筑最大的影响就是它的建筑形式，即用梁、柱围绕建筑主体，形成一圈连续的由围廊、立柱、梁枋和山墙共同构成的建筑立面。经过几个世纪的发展，其建筑形式逐渐形成了以多立克、爱奥尼、科林斯为主的三种柱式（图2-1）。

多立克柱式
·起源于希腊的多立克族；
·柱高为柱径的4~6倍；
·柱身有20个尖齿凹槽；
·柱头由方块和圆盘组成；
·柱式造型粗壮、浑厚、有力

爱奥尼柱式
·起源于希腊的爱奥尼克族；
·柱高为柱径的9~10倍；
·柱身有24个平齿凹槽；
·柱头带有两个涡卷；
·柱式造型优美、典雅

科林斯柱式
·起源于希腊的科林斯族；
·柱高为柱径的10倍；
·柱身有24个平齿凹槽；
·柱头由毛茛叶饰组成；
·柱式造型纤巧、华丽

●图2-1　多立克、爱奥尼、科林斯三种柱式

### （1）多立克柱式

多立克柱式是古希腊建筑中最基本的柱式，它的主要特征是没有独立的柱基，立柱被直接安置在台基之上。柱式较高，表面是一条条平行的竖直凹槽，凹槽从柱子的底部一直延伸至柱身顶端，柱头没有多余的装饰，仅由圆板和方板组成。多立克柱式的造型特点是粗壮、有力，体现出了男性深厚刚毅的力量感。

### （2）爱奥尼柱式

爱奥尼柱式的主要特征是有柱基，柱头的正面和背面都有一对涡卷，柱高与柱径的比例增大，柱身凹槽也增多，体现出了女性的柔美。

### （3）科林斯柱式

科林斯柱式是在爱奥尼柱式的基础上发展而来的，主要特征是柱头上的涡卷被雕饰成毛茛叶形，显得十分高贵华丽，而柱式的其他部分与爱奥尼柱式基本一致。

古希腊时期的代表建筑是雅典卫城建筑群，雅典卫城包括山门、胜利女神庙、帕特农神庙、伊瑞克提翁神庙和雅典娜铜像。雅典卫城的布局继承并发展了古希腊民间自然圣地自由活泼的布局方式，不仅巧妙地利用了地形，同时又考虑了观赏者的视角，是古希腊建筑中杰出的代表，如图2-2所示。

●图2-2 雅典卫城建筑群

## 2.1.2 古罗马建筑

古罗马建筑继承了古希腊建筑的柱式，并在建筑结构技术方面取得了很大的成就，创造了与拱券结构相结合的柱式建筑。古罗马建筑的发展得益于罗马帝国强大的国家实力和经济基础，从而创造了一系列新的建筑类型。除了建筑形式的推陈出新，建筑理论及相关著作也应运而生。罗马的建筑大师维特鲁威的理论著作《建筑十书》，在总结前人经验的同时，首先提出了具有深远意义的建筑三要素：实用、坚固、美观，该三要素奠定了西方数百年建筑艺术发展的理论基础。

古罗马时期的代表建筑是罗马万神庙和罗马大角斗场。

罗马万神庙是罗马帝国时期最为壮观的神庙建筑，由阿格里帕主持修建，最初建于公元前27年，后因遭雷击破坏，于公元120～124年重建。万神庙的圆形大殿因其宏大的规模和精巧的建筑结构闻名于世，其结构技术相当高超，如图2-3所示。

罗马大角斗场是罗马帝国时期最著名的建筑，建于公元70～82年，是专门供奴隶主阶级和平民观看角斗和斗兽以及其他游戏而建造的，外观呈椭圆形，所以又称为"大斗兽场"或"大圆剧场"。整个角斗场分为四层，在一至三层中，每一层的柱子都不一样，一层比一层轻巧、华丽，这体现了古罗马建筑艺术在当时所达的水平，如图2-4所示。

●图2-3 万神庙的圆形大殿　　　　　●图2-4 罗马大角斗场

## 2.1.3 中世纪建筑

中世纪是指从公元5～15世纪，大约1000年的时间，这个时期的建筑以宗教建筑为主，代表作主要有罗马式建筑、拜占庭式建筑、哥特式建筑。

### （1）罗马式建筑

罗马式教堂采用从巴西里卡式演变过来的平面结构形式，在建筑结构上广泛采用拱券式，创造出复杂的骨架体系建筑拱顶。教堂的前后一般都配以碉堡式的塔楼，后来塔楼逐渐固定在西面正门的两侧，成为罗马式建筑的标志之一。教堂的内部装饰主要使用绘画和雕塑，代表性的建筑有意大利的比萨大教堂，如图2-5所示。

●图2-5　比萨大教堂

### （2）拜占庭式建筑

拜占庭式建筑主要是罗马晚期艺术形式与东方艺术形式相结合的产物，它们既有西方艺术的博大精深，又融合了浓厚的东方韵味。罗马早期的宗教建筑主要沿用罗马陵墓圆形或多边形的平面结构和万神庙的圆穹顶，到了中期，建筑较多采用古希腊正十字式的平面结构，取代了之前圆形和多边形的形式。拜占庭式建筑的特点是善于利用较高的屋顶、较大的窗户和轻薄的墙体。其代表性建筑是君士坦丁堡的圣索菲亚大教堂，如图2-6所示。

### （3）哥特式建筑

哥特式建筑将罗马式建筑中的拱券进行了改良，创造出富有骨架感的曲形拱，并在曲拱的基础上安置高耸的尖顶柱式，

●图2-6　圣索菲亚大教堂

使得各个建筑的高度不断被刷新，人在建筑内部也能够产生一种升华感，彰显出了宗教建筑的意义。哥特式建筑内部几乎没有墙壁，骨架间是高大的窗户，建筑内部采光充足，配以彩色玻璃花窗，营造出绚烂的感觉。其代表性建筑有法国的巴黎圣母院和德国的科隆大教堂，如图2-7、图2-8所示。

●图2-7　巴黎圣母院

●图2-8　科隆大教堂

## 2.1.4 文艺复兴时期建筑

欧洲的文艺复兴是世界历史发展的一个重要时期。文艺复兴建筑最明显的特征就是对中世纪时期的哥特式建筑风格的扬弃，而在宗教和世俗建筑上重新采用古希腊和古罗马时期的建筑样式。可以说，文艺复兴时期的建筑，很好地继承和发展了古希腊和古罗马的建筑法则。文艺复兴时期的建筑墙体设计有两个表现形式：第一，在结构方面必须化繁为简；第二，建筑外观必须是简单的几何造型。屋顶支承多采用筒形穹顶，而不是交叉穹顶，这就更加符合外观和结构上的要求。因此，这时期的建筑物多采用立方体或六面体的简洁几何造型。

文艺复兴时期的代表性建筑有罗马的坦比哀多礼拜堂、罗马的圣彼得大教堂、圆厅别墅等。

### （1）坦比哀多礼拜堂

坦比哀多礼拜堂是一座集中式的圆形建筑物，礼拜堂外墙面直径6.1m，周围一圈多立克式的柱廊，16根塔司干柱式围绕，高3.6m，连穹顶上的十字架在内，总高为14.7m，有地下墓室，是伯拉孟特设计的。集中式的形体，饱满的穹顶，圆柱形的教堂和鼓座，外加一圈柱廊，使它的体积感很强，建筑物虽小，但有很强的层次感，附于多种几何体的变化，虚实映衬，构图丰富。环廊上的柱子，经过鼓座上臂柱的接应，同穹顶的肋相连，从下而上，一气呵成，浑然一体（图2-9）。

**（2）圣彼得大教堂**

圣彼得大教堂最初是由君士坦丁大帝于公元326~333年在圣伯多禄墓地上修建的，又称圣伯多禄大教堂，于公元326年落成，呈罗马式建筑和巴洛克式建筑风格（图2-10）。

**（3）圆厅别墅**

圆厅别墅是意大利文艺复兴时期的著名建筑。自建成以来对世界各地的建筑都产生了深远的影响。作品中体现出的完整鲜明、和谐对称的建筑形制，优美典雅的建筑风格，就像是一首优美动人的田园曲，散发出宁静雅致的美感，为后世建筑确立了光辉的典范，吸引了众多建筑师追随效仿。圆厅别墅以雅洁的白色为主色调，用色素雅，衬托着头顶的蓝天白云，和旁边的茵茵碧草，带有一种"绚烂至极归于平淡"的淡然，透出矜持庄重、高雅安宁的气质（图2-11）。

●图2-9　坦比哀多礼拜堂

### 2.1.5 巴洛克建筑

17世纪欧洲强权扩张，不断掠夺海外殖民地，生活上提倡豪华享受，因此对建筑、音乐、美术也要求豪华生动、富于热情的情调。17世纪欧洲有新旧教的权力之争。旧教势力用暴力镇压信徒，再积极利用艺术思想形态——巴洛克，去迷惑、征服人心。巴洛克艺术不排斥异端的感官喜悦，亦忠实于基督教的世界观，故亦是"基督教化的文艺复兴"。

●图2-10　圣彼得大教堂

●图2-11　圆厅别墅

巴洛克建筑是17～18世纪在意大利文艺复兴建筑基础上发展起来的一种建筑和装饰风格。其特点是外形自由，追求动态，喜好富丽的装饰和雕刻、强烈的色彩，常用穿插的曲面和椭圆形空间。宣扬自己独特的个性，它的主要特征可以归纳为：

① 巴洛克建筑具有强烈的庄重、对称的特征；

② 巴洛克建筑具有强烈的凹凸感，用大量曲线代替直线，使形象产生强烈的扭曲感；

③ 巴洛克建筑多繁复的装饰，用许多雕塑和浮雕使建筑产生丰富的运动感；

④ 巴洛克建筑用不完整构图代替完整形象，如断山花、重叠山花和巨型曲线等，以突出个性。

代表建筑有：罗马耶稣会教堂、罗马的圣卡罗教堂、圣玛利亚教堂、圣彼得广场等。

**（1）罗马耶稣会教堂**

罗马耶稣会教堂（1568～1602年）是第一个巴洛克建筑。意大利文艺复兴晚期著名建筑师和建筑理论家维尼奥拉设计的罗马耶稣会教堂是由手法主义向巴洛克风格过渡的代表作。罗马耶稣会教堂平面为长方形，端部突出一个圣龛，由哥特式教堂惯用的拉丁十字形演变而来，中厅宽阔，拱顶满布雕像和装饰。两侧用两排小祈祷室代替原来的侧廊。十字正中升起一座穹窿顶。教堂的圣坛装饰富丽而自由，上面的山花突破了古典法式，作圣像和装饰光芒。教堂立面借鉴早期文艺复兴建筑大师阿尔伯蒂设计的佛罗伦萨圣玛丽亚小教堂的处理手法。正门上面分层檐部和山花做成重叠的弧形和三角形，大门两侧采用了倚柱和扁壁柱。立面上部两侧作了两对大涡卷。这些处理手法别开生面，后来被广泛仿效（图2-12）。

● 图2-12　罗马耶稣会教堂

**（2）罗马的圣卡罗教堂**

圣卡罗教堂建筑立面的平面轮廓为波浪形，中间隆起，基本构成方式是将文艺复兴风格的古典柱式，即柱、檐壁和额墙在平面上和外轮廓上曲线化，同时添加一些经过变形的建筑元素，例如，变形的窗、壁龛和椭圆形的圆盘等。教堂的室内大堂为龟甲形平面，坐落在垂拱上的穹顶为椭圆形，顶部正中有采光窗，穹顶内面上有六角形、八角形和十字形格子，具有很强的立体效果。室内的其他空间也同样，在形状和装饰上有很强的流动感和立体感（图

2-13）。

**（3）圣玛利亚教堂**

圣玛利亚教堂是一座市民教堂，位于德国奥斯纳布吕克市中心，由于教堂内遗留有800年的墓地，如今的教堂是在更古老的木结构教堂的基础上建造的，不过对此没有历史记载遗留下来。13世纪扩建时教堂成为如今的哥特式风格（图2-14）。

**（4）圣彼得广场**

圣彼得广场（Piazza San Pietro）这个

●图2-13　罗马的圣卡罗教堂

集中各个时代精华的广场，可容纳50万人，位于梵蒂冈的最东面，因广场正面的圣彼得大教堂而出名，是罗马教廷举行大型宗教活动的地方。广场的建设工程用了十一年的时间（1656～1667年），由世界著名建筑大师贝尔尼尼亲自监督工程的建设。广场周围有4列共284根多利安柱式的圆柱，圆柱上面是140个圣人像。中央是一根公元40年从埃及运来的巨大的圆柱（图2-15）。

●图2-14　圣玛利亚教堂

●图2-15　圣彼得广场

## 2.1.6 洛可可建筑

洛可可建筑以欧洲封建贵族文化的衰败为背景，表现了没落贵族阶层颓丧、浮华的审美理想和思想情绪。他们受不了古典主义的严肃理性和巴洛克的喧嚣放肆，追求华美和闲适。洛可可一词由法语Rocaille（贝壳工艺）演化而来，原意为建筑装饰中一种贝壳形图案。1699

年建筑师、装饰艺术家马尔列在金氏府邸的装饰设计中大量采用这种曲线形的贝壳纹样，由此而得名。洛可可风格最初出现于建筑的室内装饰，之后扩展到绘画、雕刻、工艺品、音乐和文学领域。

洛可可式建筑风格于18世纪20年代产生于法国并流行于欧洲，是在巴洛克建筑的基础上发展起来的，主要表现在室内装饰上。洛可可风格的基本特点是纤弱娇媚、华丽精巧、甜腻温柔、纷繁琐细。

洛可可装饰的特点是：细腻柔媚，常常采用不对称手法，大多以弧线和S形线，用贝壳、旋涡、山石作为装饰题材，卷草舒花，缠绵盘曲，连成一体。天花和墙面有时以弧面相连，转角处布置壁画。为了模仿自然形态，室内建筑部件也往往做成不对称形状，变化万千，但有时流于矫揉造作。室内墙面粉刷，以嫩绿色、粉红色、玫瑰红色等鲜艳的浅色调为主，线脚大多用金色。室内护壁板有时用木板，有时做成精致的框格，框内四周有一圈花边，中间常衬以浅色东方织锦。

洛可可建筑风格的特点是室内应用明快的色彩和纤巧的装饰，家具也非常精致而偏于烦琐，不像巴洛克风格那样色彩强烈，装饰浓艳。德国南部和奥地利洛可可建筑的内部空间显得非常复杂。

●图2-16　巴黎苏比斯府邸

●图2-17　凡尔赛宫的王后居室　　　　●图2-18　丹麦阿美琳堡王宫

代表建筑有巴黎苏比斯府邸、凡尔赛宫的王后居室、丹麦阿美琳堡王宫等（图2-16～图2-18）。

# 2.2 西方近现代建筑史

## 2.2.1 18、19 世纪建筑

### 2.2.1.1 古典主义建筑

17世纪下半叶，法国文化艺术的主导潮流是古典主义。古典主义美学的哲学基础是唯理论，认为艺术需要有严格的像数学一样明确清晰的规则和规范。同当时在文学、绘画、戏剧等艺术门类中的情况一样，在建筑中也形成了古典主义建筑理论。法国古典主义理论家J.F.布隆代尔说："美产生于度量和比例。"他认为意大利文艺复兴时代的建筑师通过测绘研究古希腊和古罗马建筑遗迹得出的建筑法式是永恒的金科玉律。他还说，"古典柱式给予其他一切以度量规则"。古典主义者在建筑设计中以古典柱式为构图基础，突出轴线，强调对称，注重比例，讲究主从关系。巴黎卢浮宫东立面的设计突出地体现了古典主义建筑的原则，凡尔赛宫也是古典主义的代表作。

古典主义建筑以法国为中心，向欧洲其他国家传播，后来又影响到世界广大地区，在宫廷建筑、纪念性建筑和大型公共建筑中采用更多，而且18世纪60年代到19世纪又出现古典复兴建筑的潮流。世界各地许多古典主义建筑作品至今仍然受到赞美。但古典主义不是万能的，更不是永恒的。19世纪末和20世纪初，随着社会条件的变化和建筑自身的发展，作为完整的古典主义建筑体系终于逐渐为其他的建筑潮流所替代。但是古典主义建筑作为一项重要的建筑文化遗产，建筑师们仍然在汲取其中有用的因素，用于现代建筑之中。

古典主义建筑的代表作品有：

勒伏（Louis Le Vau），维康府邸（Chateau Vaux-le-Vicomte，1656～1660），早期古典主义代表；

佩劳（Claude Perrault）&勒伏，卢浮宫东立面（East elevation of the Louvre，1667～1670），盛期古典主义代表；

勒伏＆孟莎（J.H.Mansart）等，凡尔赛宫（Palais de Versailles，1661～1756）；

孟莎（J.H.Mansart），巴黎残废军人新教堂（Church of the Invalides，1680～1691）。

**（1）卢浮宫东立面**

●图2-19　卢浮宫东立面

卢浮宫东立面（图2-19）全长约172m，高28m，上下按照一个完整的柱式分作三部分：底层是基座，中段是两层高的巨柱，最上面是檐部和女儿墙。主体是由双柱形成的空柱廊，简洁洗练，层次丰富。中央和两端各有凸出部分，将立面分为五段。两端的凸出部分用壁柱装饰，而中央部分用倚柱，有山花，因而主轴线很明确。立面前有一道护壕保卫着，在大门前架着桥。左右分5段，上下分3段，都是以中央一段为主的立面构图，在卢浮宫东立面得到了第一个最明确、最和谐的成果。

这种构图反映着以君主为中心的封建等级制的社会秩序。它同时也是对立统一法则在构图中的成功运用。有起有讫，有主有从，也就是各部分间有了对立，构图才能完整。否则，即使完全相同的单元，简单重复，也并不统一，因为它们可增可减，单调松散，不能成为完整的有机体。

它的总体是单纯简洁的，法国传统的高坡屋顶被意大利式的平屋顶代替了，加强了几何性。

但是，按照古典主义严格的规则来说，双柱和巨柱式都是"非理性"的。古典主义的理论即使在它的极盛时期也不可能无所不在地主导着一切建筑创作，卢浮宫设计者之一彼洛说过，"应该根据自己的感觉去改变比例的规则"。

卢浮宫东立面在高高的基座上开小小的门洞供人出入，徒有柱廊而仍然凛然不可亲，充分体现宫廷建筑的特征。

东立面设计之争：
- 法国建筑师的古典建筑原则——被巴洛克建筑师否定；
- 巴洛克建筑师的设计——被法国宫廷否定；
- 伯尼克的巴洛克府邸样式——被法国建筑师否定；

● 弗勒夫、乐勃亨、克比洛的古典主义建筑原则——经三年建成。

体现古典建筑设计的理论：

● 批判巴洛克建筑，崇尚简洁、和谐、合理以及比例美；

● 柱式建筑为尊贵，非柱式建筑为低俗；

● 突出轴线，讲究陪衬，强化封建等级制的政治观念。

### （2）凡尔赛宫

凡尔赛宫（图2-20）为古典主义风格建筑，立面为标准的古典主义三段式处理，建筑左右对称，造型轮廓整齐、庄重雄伟，被称为是理性美的代表。其内部装潢则以巴洛克风格为主，少数厅堂为洛可可风格。

正宫前面是一座风格独特的"法兰西式"的大花园，园内树木花草别具匠心，使人看后顿觉美不胜收。而建筑群周边园林亦是世界著名。它完全是人工雕琢的，极其讲究对称和几何图形化。如果凡尔赛宫的外观给人以宏伟、壮观的感觉，那么它的内部陈设及装潢就更富于艺术魅力，室内装饰极其豪华富丽是凡尔赛宫的一大特色。500余间大殿小厅处处金碧辉煌，豪华非凡；内壁装饰以雕刻、巨幅油画及挂毯为主，配有17、18世纪造型超绝、工艺精湛的家具。大理石院和镜厅是其中最为突出的两处，除了之前讲到的室内装饰外，太阳也是常用的图案，因为太阳是路易十四的象征。有时候还和兵器、盔甲一起出现在墙面上。除了

●图2-20　凡尔赛宫

用人像装饰室内外，还用狮子、鹰、麒麟等动物形象来装饰室内。有的还用金属铸造成楼梯栏杆，有些金属配件还镀了金，配上各种色彩的大理石，显得十分灿烂。天花板除了像镜厅一样的半圆拱形外，还有平的，也有半球形穹顶，顶上除了绘画也有浮雕。宫内随处陈放着来自世界各地的珍贵艺术品，其中有我国古代的精品瓷器。凡尔赛皇宫喷泉里有1400多个喷头，国王让人建造了一个由14个巨型水轮、200多个水泵组成的大机器，可以从塞纳河向喷水池里输水，不过这台机器经常会出现故障。

整个修建过程动用了3000名建筑工人、6000匹马——由建筑工人来完成石方工程，马匹来搬运东西。即便如此，修建还是持续了47年之久。

凡尔赛宫的建筑风格引起俄国、奥地利等国君主的羡慕仿效。彼得大帝在圣彼得堡郊外修建的夏宫、玛丽亚·特蕾莎在维也纳修建的美泉宫、腓特烈二世在波茨坦修建的无忧宫，以及巴伐利亚国王路德维希二世修建的海伦基姆湖宫（Schloss Herrenchiemsee）都仿照了凡尔赛宫的宫殿和花园。

#### 2.2.1.2 新古典主义建筑

（1）定义

新古典主义首先是遵循唯理主义观点，认为艺术必须从理性出发，排斥艺术家主观思想感情，尤其是在社会和个人利益冲突面前，个人要克制自己的感情，服从理智和法律，倡导公民的完美道德就是牺牲自己，为祖国尽责。艺术形象的创造崇尚古希腊的理想美，注重古典艺术形式的完整、雕刻般的造型，追求典雅、庄重、和谐，同时坚持严格的素描和明朗的轮廓，极力减弱绘画的色彩要素。"新古典主义"的"新"在于借用古代英雄主义题材和表现形式，直接描绘现实斗争中的重大事件和英雄人物，紧密配合现实斗争，直接为资产阶级夺取政权和巩固政权服务，具有鲜明的现实主义倾向。因此，新古典主义又称革命古典主义，它的杰出代表是达维德。

法国在18世纪末、19世纪初是欧洲新古典建筑活动的中心。法国大革命时在巴黎兴建万神庙是典型的古典式建筑。拿破仑时代在巴黎兴建了许多纪念性建筑，其中雄师凯旋门、马德兰教堂等都是古罗马建筑式样的翻板。英国以复兴希腊建筑形式为主，如伦敦的大英博物馆、德国柏林的勃兰登堡门、柏林宫廷剧院都是复兴希腊建筑形式的，其中勃兰登堡门是仿制雅典卫城的山门建成的。美国独立以前，建筑造型多采用欧洲样式，独立后，美国借助于希腊、罗马的古典建筑来表现民主、自由、光荣和独立，因而新古典建筑大兴。美国国会大厦仿照巴黎万神庙建成，极力表现雄伟，强调纪念性。

**（2）分类**

新古典主义建筑大体可以分为两种类型。一种是抽象的古典主义；另一种是具象的或折中的古典主义。抽象的古典主义以简化的方法，或者说用写意的方法，把抽象出来的古典建筑元素或符号巧妙地融入建筑中，使古典的雅致和现代的简洁得到完美的体现。

代表作品是美国电报电话公司总部。

菲利普·约翰逊和博吉设计的美国电报电话公司总部（图2-21，图2-22），在一座充分显示现代技术和时代精神的摩天大楼中，通过三段式结构、顶部的山花、底部的拱券和圆窗、石头饰面，表现了文艺复兴时代建筑的典雅与高贵，体现了后现代主义的基本全部风格——装饰主义和现代主义的结合，历史建筑的借鉴，折中式的混合采用历史风格，游戏性和调侃性地对待装饰风格。

具象的古典主义则不同。它既不是考据式的教条古典主义，也不是雅马萨基式的写意古典主义。在这类建筑中，建筑师可以充分表现自己浓厚的古典文化情趣和深厚的古典建筑风格，换句话说，可以采用地道的古典建筑细部，但绝不是停留于亦步亦趋的模仿与抄袭。取精用宏，博采众长，色彩艳丽，装饰性强，是这类建筑的主要特点。具象式古典主义与抽象古典主义的写意性不同，它具有工笔画的特点，比抽象古典主义更细致、更精美、更富丽、更庄重、更富有历史感。但是，在这个没有英雄、没有权威的时代，任何将某一时代的建筑类型定于一尊的企图，是不可能有立锥之地的。虽然相对于抽象古

● 图2-21　美国电报电话公司总部

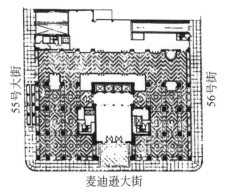

● 图2-22　美国电报电话公司总部位置示意

● 图2-23　栗子山母亲住宅（文丘里）

● 图2-24　波菲尔的意大利广场

● 图2-25　文丘里等设计的BEST超级市场

典主义来说，具象古典主义更尊重它所模仿或隐喻的古典原型，但它们在采用古典建筑细部时，一般都比较随意，而且可以在一幢建筑中引用多种历史风格。所以，同样的具象古典主义，文丘里多采用杂凑式，斯特恩多采用夸张与扭曲式、摩尔与波菲尔则采用细致、隆重的纪念式。

**（3）风格特点**

① 古典元素抽象化。把古典元素抽象化为符号，在建筑中，既作为装饰，又起到隐喻的效果。如菲利普·约翰逊、文丘里（图2-23）、格里夫斯和雅马萨基的一些作品，古典的柱式、拱券乃至山花和线脚，在很大程度上，是在历史与现实、建筑与环境之间建立一种文脉上的牵连，并产生修饰效果。

② 艳丽丰富。艳丽而丰富的色彩，如格雷夫斯的波特曼市政厅和波菲尔的意大利广场（图2-24），摩尔的游泳池与桑拿浴室更衣室，文丘里和约翰·洛奇的纽黑文狄克斯威尔消防站，文丘里、约翰·洛奇和斯科特·布朗的BASCO超级市场和BEST超级市场（图2-25）等作品，通过色彩的巧妙对比，创造美妙的画境效果。尤其是文丘里等人设计的BASCO超级市场和BEST超级市场，或以体型巨大、色彩艳丽的字母装饰店面，或以巨大的梅花图案装饰墙体，不避雅俗，构思大胆，充分显示了设计师所标榜的"要素混杂"的美。

③ 粗细与雅俗。粗与细，雅与俗的对比。在许多新古典主义建筑师的作品中，我们可以很明显地看到，一方面是高雅精致的细部，另一方面是低俗粗犷的浑朴，两种对比鲜明的风格既互相对抗，又互相统一。文丘里的作品，主要为我们提供了一种美丽的混乱；而斯特恩的一些作品，则为我们提供了浑朴与典雅完美结合的范例。

（4）典型代表

① 艾斯特剧院。艾斯特剧院（图2-26）是布拉格第一座新古典主义式建筑，正面三角形的山墙及两对圆柱，流露出古希腊的建筑风格。1787年剧院更因莫扎特首度来访而轰动一时，也因此如今在布拉格仍有莫扎特的创作歌剧《唐·乔凡尼》的木偶剧、黑光剧、传统戏剧上演。

② 勃兰登堡门（图2-27）。柏林的永恒象征，新古典主义风格，设计者的初衷是希望它能成为通向和平之门。勃兰登堡门（Brandenburger Tor）位于柏林市中心，是柏林市区著名的游览胜地，以及德国统一的象征。

③ 圣彼得堡海军部大楼。由于沙皇想把圣彼得堡作为海军的大本营，于是建成了俄罗斯新古典主义建筑的典范——安德里安·扎哈罗夫（Zakharov）设计的海军部大楼（1823年）。海军部大楼长约400m，全楼横向划分为三个区域，每个区域又划分为三段。该大厦居高临下俯视着彼得大帝的船坞，其尖顶上的护卫舰形状的风标已成为这座城市的标志（图2-28）。

● 图2-26　艾斯特剧院

● 图2-27　勃兰登堡门

●图2-28　圣彼得堡海军部大楼

●图2-29　上海汇丰银行大楼

④ 上海汇丰银行大楼（图2-29，现为上海浦东发展银行的总部驻地）。设计者为公和洋行（现为香港巴马丹拿事务所）。汇丰银行于1864年创设于香港，1865年在上海设分行，1874年于外滩现址建屋。原楼3层，砖木结构，1888年曾局部改建，是一座局部带有巴洛克式的文艺复兴式的建筑。1921年拆除旧屋建新楼，即现有大楼。大楼主体为钢筋混凝土结构，共5层。中部又高出2层，冠以钢结构穹顶，大楼平面近方形。正门入口内，相当穹顶之位置处，有一圆形进厅，在重新装修时，在大厅天顶内发现了被掩盖的非常精美的壁画。进厅再往内即为营业大厅。大楼外立面为严谨的新古典主义风格。

全楼横向划分为五段，中部有贯穿2、3、4层的仿古罗马克林斯式双柱，竖向划分按照古罗马柱式比例，顶部穹顶使人联想起古罗马的万神庙。外墙面为石砌，入口处有铜狮一对。营业厅内有拱形玻璃天棚和整根意大利大理石雕琢的爱奥尼式柱廊。

### 2.2.1.3　浪漫主义建筑

浪漫主义建筑是18世纪下半叶到19世纪下半叶，欧美一些国家在文学艺术中的浪漫主义思潮影响下流行的一种建筑风格。浪漫主义在要求发扬个性自由、提倡自然天性的同时，用中世纪手工业艺术的自然形式来反对资本主义制度下用机器制造出来的工艺品，并以前者来和古典艺术抗衡。

浪漫主义是建筑三种复古思潮（古典主义建筑、浪漫主义建筑、折中主义建筑）之一。

浪漫主义建筑主要限于教堂、大学、市政厅等中世纪就有的建筑类型，它在各个国家的发展不尽相同。大体说来，在英国、德国流行较早较广，而在法国、意大利则不太流行。

美国则步欧洲建筑的后尘，浪漫主义建筑一度流行，尤其是在大学和教堂等建筑中。耶鲁大学的老校舍就带有欧洲中世纪城堡式的哥特式建筑风格，它的法学院（1930年）和校图书馆（1930年）则是典型的哥特式复兴建筑。

代表作品有威斯敏斯特宫、圣吉尔斯大教堂等。

### （1）英国国会大厦和威斯敏斯特宫

英国国会大厦位于伦敦泰晤士河西岸的威斯敏斯特宫，是英国国会上下两院的所在地，又称为国会大厦。国会大厦始建于公元750年，占地8英亩（1英亩 = 4046.86m²），气势雄伟，外貌典雅，是世界最大的哥特式建筑物。它原为英国的王宫，公元11 ~ 16世纪，英国历代国王都居住在这里。1987年国会大厦被列为世界文化遗产。

威斯敏斯特宫是英国浪漫主义建筑的代表作品，也是大型公共建筑中第一个哥特复兴杰作，是当时整个浪漫主义建筑兴盛时期的标志。从威斯敏斯特桥或泰晤士河对岸观赏，其鬼斧神工之势使人赞叹不已（图2-30）。

### （2）圣吉尔斯大教堂

圣吉尔斯大教堂（St. Giles' Cathedral）原建于1120年，是爱丁堡最高等级的教堂，它的塔像一顶皇冠，给人印象深刻。教堂内有一座20世纪增建的苏格兰骑士团的礼拜堂，新歌特式的天花板与饰壁上的雕刻极为精美华丽（图2-31）。

●图2-30 威斯敏斯特宫

## 2.2.1.4 折中主义建筑

随着社会的发展，需要有丰富多样的建筑来满足各种不同的要求。在19世纪，交通的便利，考古学的进展，出版事业的发达，加上摄影技术的发明，都有助于人们认识和掌握以往各个时代和各个地区的建筑遗产，于是出现了希腊、罗马、拜占庭、中世纪、文艺复兴和东方情调的建筑在许多城市中纷然杂陈的局面。

折中主义建筑是19世纪上半叶至20

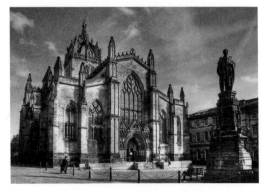

●图2-31 圣吉尔斯大教堂

世纪初，在欧美一些国家流行的一种建筑风格。折中主义越过古典主义与浪漫主义在建筑创作中的局限性，任意选择与模仿历史上各种建筑风格，把它们自由组合成各种建筑形式，故有"集仿主义"之称。它们没有固定的风格，语言混杂，但讲求比例均衡，注重纯形式美。

●图2-32　巴黎歌剧院

●图2-33　伊曼纽尔二世纪念建筑

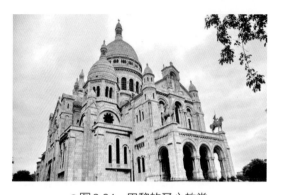

●图2-34　巴黎的圣心教堂

折中主义建筑在19世纪中叶以法国最为典型，巴黎高等艺术学院是当时传播折中主义艺术和建筑的中心。而在19世纪末和20世纪初期，则以美国最为突出。总的来说，折中主义建筑思潮依然是保守的，没有按照当时不断出现的新建筑材料和新建筑技术去创造与之相适应的新建筑形式。

折中主义建筑的代表作有：巴黎歌剧院、罗马的伊曼纽尔二世纪念建筑以及巴黎的圣心教堂等。

**（1）巴黎歌剧院**

巴黎歌剧院（图2-32）立面仿意大利晚期巴洛克建筑风格，并掺进了烦琐的雕饰，它对欧洲各国建筑有很大影响。

**（2）伊曼纽尔二世纪念建筑**

罗马的伊曼纽尔二世纪念建筑（图2-33），是为纪念意大利重新统一而建造的，它采用了罗马的科林斯柱廊和希腊古典晚期的祭坛形制。

**（3）巴黎的圣心教堂**

巴黎的圣心教堂（图2-34）的高耸的穹顶和厚实的墙身呈现拜占庭建筑的风格，兼取罗马式建筑的表现手法。

## 2.2.2 现代主义建筑

现代主义建筑是指20世纪中叶，在西方建筑界居主导地位的一种建筑思想。这种建筑的代表人物主张：建筑师要摆脱传统建筑形式的束缚，大胆创造适应于工业化社会的条件、要求的崭新建筑。因此具有鲜明的理性主义和激进主义的色彩，又称为现代派建筑。在英语文献中，称为Modern Architecture，而用modern architecture（现代建筑）表示"现代"这个时间范围的建筑。

现代主义建筑思潮产生于19世纪后期，成熟于20世纪20年代，在20世纪50～60年代风行全世界。从20世纪60年代起有人认为现代主义建筑已经过时，有人认为现代主义建筑基本原则仍然正确，但需修正补充。20世纪70年代以来，有的文献在提到现代主义建筑时，还冠以"20年代"或"正统"字样。

### 2.2.2.1　工艺美术运动

工艺美术运动是19世纪下半叶起源于英国的一场设计改良运动。工艺美术运动对芝加哥建筑学派的产生有较大影响。其代表性建筑是红屋（图2-35），位于英国伦敦郊区肯特郡的住宅，由威廉·莫里斯和菲利普·韦伯合作设计，是工艺美术运动时期的代表性建筑。红屋的红砖表面没有任何装饰，极具田园风格，是19世纪下半叶最有影响力的建筑之一。红屋是英国哥特式建筑和传统乡村建筑的完美结合，摆脱了维多利亚时期烦琐的建筑特点，首要考虑功能需求，自然、简朴、实用。

●图2-35　红屋

### 2.2.2.2　新艺术运动

新艺术运动主张创造一种不同以往的、能适应工业时代要求的简化装饰，反对传统纹样，其装饰主题是模仿自然界生长的草木而形成的线条，并大量使用曲线的铁艺，创造出了一种能适应工业时代要求的简化装饰。

其代表性建筑有霍塔旅馆。霍塔旅馆打破了古典主义的束缚，利用钢铁作为建筑材料，外观装饰上布满曲折的线条，色彩也比较协调柔和，空间通畅开放，与传统封闭的空间截然不同，如图2-36所示。

●图2-36　霍塔旅馆外观和内部装饰

### 2.2.2.3　德国工业同盟

德国工业同盟，全称"德意志工业同盟"，1907年在德国倡议成立。该工业同盟是世界上第一个官办的设计促进中心，在德国有着举足轻重的地位。工业同盟旨在提高产品的质量，公开追求商业目的。它奠定了德国产品重视质量的传统，是德国现代设计的开端。

其代表性建筑有德国通用电气公司涡轮机车间（图2-37）。

贝伦斯为通用电气公司设计的柏林涡轮机车间是工业界与建筑界结合提高设计质量的一个成果，也是现代建筑史上一个重要事件。

●图2-37　德国通用电气公司涡轮机车间

涡轮机车间位于街道转角处，主跨采用大型门式钢架，钢架顶部呈多边形，侧柱自上而下逐渐收缩到地面上。在沿街立面上，钢柱与铰接点坦然暴露出来，柱间为大面积的玻璃窗，划分成简单的方格。屋顶上开有玻璃天窗，车间有良好的采光和通风，外观体现工厂车间的性格。在街道转角处的车间端头，贝伦斯作了特别的处理，厂房角部加上砖石砌筑的角墩，墙体稍向后仰，并有"链墩式"的凹槽，显示敦厚稳固的形象，上部是弓形山墙，中间是大玻璃窗，这些处理给这个车间建筑加上了古典的纪念性的特征。

### 2.2.2.4　包豪斯

1919年创办的包豪斯是在德国成立的一所设计学院，也是世界上第一所完全为发展设计教育而建立的学院。1919年，德国建筑师格罗皮乌斯担任包豪斯校长。在他的主持下，包豪斯在20世纪20年代成为欧洲最激进的艺术和建筑中心之一，推动了建筑革新运动。德国建筑师密斯·凡·德·罗也在20年代初发表了一系列文章，阐述新观点，用示意图展示未来建筑的风貌。20年代中期，格罗皮乌斯、勒·柯布西耶、密斯·凡·德·罗等人设计和建造了一些具有新风格的建筑。其中影响较大的有格罗皮乌斯的包豪斯校舍、勒·柯布西耶的萨伏伊别墅、巴黎瑞士学生宿舍和他的日内瓦国际联盟大厦设计方案、密斯·凡·德·罗的巴塞罗那博览会德国馆等。在这三位建筑师的影响下，在20世纪20年代后期，欧洲一些年轻的建筑师，如芬兰建筑师阿尔托也设计出一些优秀的新型建筑。

**（1）包豪斯校舍**

包豪斯校舍（图2-38）由包豪斯的创始人格罗皮乌斯于1925年设计。包豪斯校舍的形体与空间布局自由，不仅按功能分区，又按使用关系相互连接，是一个多轴线、多入口、多体量、多立面的建筑物。按照各部分不同的功能选择不同的结构形式，极力推崇新材料，反对多余的装饰，采用钢筋混凝土的楼板和承重砖墙的混合结构，是功能要求与形式完美统一的经典之作。

●图2-38　包豪斯校舍

**（2）萨伏伊别墅**

萨伏伊别墅（图2-39）在建筑设计上主要有如下特点。

●图2-39　萨伏伊别墅

●图2-40　流动的空间

●图2-41　石砌的外壳

① 模数化设计，这是勒·柯布西耶研究数学、建筑和人体比例的成果。现在这种设计方法广为应用。

② 简单的装饰风格，是相对于之前人们常常使用的烦琐复杂的装饰方式而言的，其装饰可以说是非常简单。

③ 纯粹的用色，建筑的外部装饰完全采用白色，这是一个代表新鲜的、纯粹的、简单和健康的颜色。

④ 开放式的室内空间设计。

⑤ 专门对家具进行设计和制作。

⑥ 动态的、非传统的空间组织形式，尤其使用螺旋形的楼梯和坡道来组织空间。

⑦ 屋顶花园的设计，使用绘画和雕塑的表现技巧设计的屋顶花园。

⑧ 车库的设计，特殊的组织交通流线的方法，使得车库和建筑完美的结合，使汽车易于停放而又不会使车流和人流交叉。

⑨ 雕塑化的设计，这是勒·柯布西耶常用的设计手法，这使他的作品常常体现出一种雕塑感。

（3）巴黎瑞士学生宿舍

整栋建筑立足于一排巨大的柱子上，主要部分为一长方体，其中一面由玻璃帷幕构成，另一面则谨慎地接续了以粗石砌，具有曲线外墙的楼梯间。由立方体型式构成的主体建筑前方、楼梯间、入口门厅和服务空间较低矮的外墙则很谨慎地被塑造成波状墙面。这种建筑群体的配置手法不仅给建筑带来了"肖像画"的效果，更带来了一种运动扩张的表现（图2-40）。入口门厅的内部空间也由于墙面的波状运动产生予人印象深刻的动态效果。

学生们居住在沿着南方侧面许多单一走廊而建的个别量体中，以玻璃覆盖作为提供房间光、空气和景观的一个构想。因为外壳无法产生最理想内部环境，不久便增加了一些遮蔽装置，因而减少墙光滑的外观，也加强南方玻璃墙的合理存在性。沿着这个走廊的北方墙面，在石砌的外壳（图2-41）上有一个钻满小孔的小窗户，这墙壁使人联想到这是一个未完成的作品但可能会实现的乌托邦环境。

### （4）巴塞罗那博览会德国馆

密斯·凡·德·罗认为，当代博览会馆设计不应再具有富丽堂皇的设计思想，应该跨进文化领域的哲学园地，建筑本身就是展品的主体。密斯·凡·德·罗在这里实现了他的技术与文化融合的理想。在密斯·凡·德·罗看来，建筑最佳的处理方法就是直接切入建筑的本质——空间、构造、模数和形态。

这座德国馆建立在一个基座之上，主厅有8根金属柱子，上面是薄薄的一片屋顶（图2-42）。大理石和玻璃构成的墙板也是简单光洁的薄片，它们纵横交错，布置灵活，形成既分割又连通、既简单又复杂的空间序列。室内室外也互相穿插贯通，没有截然的分界，形成奇妙的流通空间。整个建筑中没有附加的雕刻装饰，然而对建筑材料的颜色、纹理、质地的选择却十分精细，且搭配异常考究，比例协调，使整个建筑物显出高贵、雅致、生动、鲜亮的品质，向人们展示了历史上前所未有的建筑艺术质量。展馆对20世纪建筑艺术风格产生了广泛影响，同时也使密斯·凡·德·罗成为当时世界上最受瞩目的现代建筑师。

德国馆在建筑空间划分和建筑形式的处理上创造了成功的新经验，充分体现了设计人密斯·凡·德·罗的名言"少就是多"，用新的材料和施工方法创造出丰富的艺术效果。

●图2-42　巴塞罗那博览会德国馆

与学院派建筑师不同，格罗皮乌斯等人对大量建造的普通居民需要的住房相当关心，有的人还对此做了科学研究。

1927年，在密斯·凡·德·罗主持下，在德国斯图加特市举办了住宅展览会，对于住宅建筑研究工作和新建筑风格的形成都产生很大影响。1928年，来自12个国家的42名革新派建筑师代表在瑞士集会，成立国际现代建筑协会，"现代主义建筑"一名也传播开来。

从格罗皮乌斯、勒·柯布西耶、密斯·凡·德·罗等人的言论和实际作品中，可以看出他们提倡的"现代主义建筑"的一些基本观点如下。

① 强调建筑要随时代而发展，现代建筑应同工业化社会相适应。格罗皮乌斯说："我们正处在全部生活发生大变革的时代，……我们的工作最要紧的是跟上不断发展的潮流。"

② 强调建筑师要研究和解决建筑的实用功能和经济问题。针对学院派建筑师轻视实用和经济问题，密斯·凡·德·罗说："必须满足我们时代的现实主义和功能主义的需要。"又说："我们的实用性房屋值得称之为建筑，只要它们能以完善的功能真正反映所处的时代。"勒·柯布西耶则号召建筑师要从轮船、汽车和飞机的设计中得到启示："一切都建立在合理地分析问题和解决问题的基础上。"

③ 主张积极采用新材料、新结构，在建筑设计中发挥新材料、新结构的特性。格罗皮乌斯在1910年即建议用工业化方法建筑住宅。密斯·凡·德·罗认为："建造方法的工业化是当前建筑师和营造者的关键课题。"他一生不倦地探求钢和玻璃这两种材料的建筑特性。勒·柯布西耶则努力发挥钢筋混凝土材料的性能。他们在使用这些建筑材料方面，树立了许多范例。

④ 主张坚决摆脱过时的建筑样式的束缚，放手创造新的建筑风格。密斯·凡·德·罗说："在我们的建筑中使用已往时代的形式是没有出路的。即使有最高的艺术才能，这样去做也要失败。"格罗皮乌斯说："我们不能再无尽无休地复古了。建筑不前进，就要死亡。"

⑤ 主张发展新的建筑美学，创造建筑新风格。

现代主义建筑思想先是在实用为主的建筑类型（如工厂厂房、中小学校校舍、医院建筑、图书馆建筑以及大量建造的住宅建筑）中得到推行；到了20世纪50年代，在纪念性和国家性的建筑中也得到实现，如联合国总部大厦。

联合国总部大厦（图2-43）的大厅内墙为曲面，屋顶为悬索结构，上覆穹顶。南面为39层的联合国秘书处大楼，是早期板式高层建筑之一，也是最早采用玻璃幕墙的建筑。前后立面都采用铝合金框格的暗绿色吸热玻璃幕墙，钢框架挑出90cm，两端山墙用白大理石贴面。大楼体形简洁，色彩明快，质感对比强烈。

现代主义思潮到了20世纪中叶，在世界建筑潮流中占据主导地位。

现代建筑四位大师，除了格罗皮乌斯、勒·柯布西耶、密斯·凡·德·罗外，还有美国的弗兰克·劳埃德·赖特，代表作是流水别墅。

流水别墅（图2-44）是现代建筑的杰作之一，它位于美国匹兹堡市郊区的熊溪河畔，由弗兰克·劳埃德·赖特设计。别墅的室内空间处理也堪称典范，室内空间自由延伸，相互穿插；内外空间互相交融，浑然一体。流水别墅在空间的处理、体量的组合及与环境的结合上均取得了极大的成功，为有机建筑理论作了确切的注释，在现代建筑历史上占有重要地位。

●图2-43 联合国总部大厦

●图2-44 流水别墅

## 2.2.3 后现代主义建筑

### 2.2.3.1 后现代主义

后现代主义是对现代主义和国际主义的一种批判性发展的体现，主张用装饰手法来满足人们的视觉感受和精神功能，注重设计形式的变化和设计中的文化，以及建筑语言具有的内涵，如"隐喻""象征""多义"等。

最早提出后现代主义看法的是美国建筑家罗伯特·文丘里（Robert Venturi）。他在大学时代就挑战密斯·凡·德·罗的"少就是多"（less is more）的原则，提出"少则厌烦"（less is a bore）的看法，主张用历史建筑因素和美国的通俗文化来赋予现代建筑以审美性和娱乐性。他在早期的著作《建筑的复杂性和矛盾性》中提出后现代主义的理论原则，而在《向拉斯维加斯学习》（Learning from Las Vegas）中进一步强调了后现代主义戏谑的成分，和对美国通俗文化的新态度。

美国建筑家罗伯特·斯特恩（Robert Stern）从理论上把后现代主义建筑思想加以整理，

完成了一个完整的思想体系。在他的《现代古典主义》（Modern Classicism）一书中完整地归纳了后现代主义的理论依据，可能的发展方向和类型，是后现代主义的重要奠基理论著作。

美国作家和建筑家查尔斯·詹克斯（Charles Jencks）继续斯特恩的理论总结工作，在短短几年中出版了一系列著作，其中包括《现代建筑运动》《今日建筑》《后现代主义》等，逐步总结了后现代主义建筑思潮和理论系统，促进了后现代主义建筑的发展。

美国建筑师阿德里安·史密斯被认为是美国后现代主义建筑师中的佼佼者。他设计的塔斯坎和劳伦仙住宅包括两幢小住宅，一幢采用西班牙式，另一幢部分采用古典形式，即在门面上不对称地贴附三根橘黄色的古典柱式。

1980年，威尼斯双年艺术节建筑展览会被认为是后现代主义建筑的世界性展览。展览会设在意大利威尼斯一座16世纪遗留下来的兵工厂内，从世界各国邀请20位建筑师各自设计一座临时性的建筑门面，在厂房内形成一条70m长的街道。展览会的主题是"历史的呈现"。

被邀请的建筑师有美国的文丘里、巴穆尔、斯特恩、格雷夫斯、史密斯，日本的矶崎新，意大利的波尔托盖西，西班牙的博菲尔等。这些后现代派或准后现代派的建筑师，将历史上建筑形式的片段，各自按非传统的方式表现在自己的作品中。

人们对后现代主义的看法非常分歧，又往往同对现代主义建筑的看法相关。部分人认为现代主义只重视功能、技术和经济的影响，忽视和切断新建筑和传统建筑的联系，因而不能满足一般群众对建筑的要求。他们特别指责与现代主义相联系的国际式建筑同各民族、各地区的原有建筑文化不能协调，破坏了原有的建筑环境。

此外，经过20世纪70年代的能源危机，许多人认为现代主义建筑并不比传统建筑经济实惠，需要改变对传统建筑的态度。也有人认为现代主义反映产业革命和工业化时期的要求，而一些发达国家已经越过那个时期，因而现代主义不再适合新的情况了。持上述观点的人寄希望于后现代主义。

反对后现代主义的人士则认为现代主义建筑会随时代发展，不应否定现代主义的基本原则。他们认为："现代主义把建筑设计和建筑艺术创作同社会物质生产条件结合起来是正确的，主张建筑师关心社会问题也是应该的。"相反，后现代主义者所关心的主要是装饰、象征、隐喻传统、历史，而忽视许多实际问题。

在形式问题上，后现代主义者搞的是新的折中主义和手法主义，是表面的东西。因此，反对后现代主义的人认为："现代主义是一次全面的建筑思想革命，而后现代主义不过是建筑中的一种流行款式，不可能长久，两者的社会历史意义不能相提并论。"

也有的人认为后现代主义者指出现代主义的缺点是有道理的，但开出的"药方"并不可取。认为后现代主义者迄今拿出的实际作品，就形式而言，拙劣平庸，不能登大雅之堂。还有人认为后现代主义者并没有提出什么严肃认真的理论，但他们在建筑形式方面突破了常规，他们的作品有启发性。

后现代主义的代表性建筑有美国新奥尔良市的意大利广场和悉尼歌剧院。

### （1）新奥尔良市的意大利广场

新奥尔良市的意大利广场是美国后现代主义建筑设计的代表性作品之一，由查尔斯·摩尔设计。美国新奥尔良市是意大利移民比较集中的城市，整个广场以地图模型中的西西里岛为中心，铺地材料也以同心圆的形状铺设。广场有两条通路与大街连接，一个进口处为拱门，另一处为凉亭，都与古代罗马建筑相似，如图2-45所示。

### （2）悉尼歌剧院

悉尼歌剧院位于澳大利亚悉尼市，由约恩·乌松设计。悉尼歌剧院不仅是20世纪最具特色的建筑之一，也是世界著名的表演艺术中心，目前已成为悉尼市的标志性建筑，如图2-46所示。

## 2.2.3.2 高科技风格

20世纪70年代以后，一些设计师和建筑师认为，现代科学技术突飞猛进，尖端技术不断进入人类的生活空间，应当树立

● 图2-45　新奥尔良市的意大利广场

● 图2-46　悉尼歌剧院

● 图2-47　洛伊德保险公司大厦

●图2-48　马内奥·博塔设计的金属椅子

一种与高科技相适应的设计美学，于是出现了所谓的高科技风格。"高科技风格"这个术语也于1978年由祖安·克朗和苏珊·斯莱辛两人的专著《高科技》中率先出现。

高科技风格首先从建筑设计开始。

英国建筑家理查·罗杰斯于1986年设计的位于伦敦的洛伊德保险公司大厦（图2-47），就是高科技风格建筑的典型代表。

在工业产品设计中，高科技风格派喜欢用最新材料，尤其是高强钢、硬铝或合金材料，以夸张、暴露的手法塑造产品形象，常常将产品内部的部件、机械组织暴露出来，有时又将复杂的部件涂上鲜艳的色彩，以表现高科技时代的"机械""时代美""精确美"。如1984年意大利设计师马内奥·博塔设计的金属椅子（图2-48）。

高科技风格的实质在于把现代主义设计中的技术因素提炼出来，加以夸张处理，形成一种符号，赋予工业结构，使工业构造和机械部件形成一种新的美学价值和意义。典型的建筑有法国的蓬皮杜中心。

●图2-49　蓬皮杜中心

建筑物最大的特色，就是外露的钢骨结构以及复杂的管线。建筑兴建后，引起极端的争议，由于一反巴黎的传统风格建筑，许多巴黎市民无法接受，但也有文艺人士大力支持。有人戏称它是"市中心的炼油厂"。这些外露复杂的管线，其颜色是有规则的。空调管路是蓝色、水管是绿色、电力管路是黄色而自动扶梯是红色（图2-49）。

中心打破了文化建筑所应有的设计常规，突出强调现代科学技术同文化艺术的密切关系，是现代建筑中高技派的最典型的代表作。

## 2.2.4 新现代主义建筑

从美国当代的建筑发展来看，应该说自从文丘里提出向现代主义挑战以来，设计上有两条发展的主要脉络，其中一条是后现代主义的探索，另外一条则是对现代主义的重新研究和发展，它们基本是并行发展的。第二个方式的发展，称为"新现代主义"，或者"新现代"设计。虽然有不少设计家在20世纪70年代认为现代主义已经穷途末路了，认为国际主义风格充满了与时代不适应的成分，因此必须利用各种历史的、装饰的风格进行修正，从而引发了后现代主义运动，但是，一些设计家却依然坚持现代主义的传统，完全依照现代主义的基本语汇进行设计，他们根据新的需要给现代主义加入了新的简单形式的象征意义，但是，从总体来说，他们可以说是现代主义继续发展的后代。这种依然以理性主义、功能主义、减少主义方式进行设计的建筑家，虽然人数不多，但是影响却很大。

在20世纪70年代继续从事现代主义设计的设计家以"纽约五人"为中心，另外还有其他几个独立从事这个工作的设计家，包括美籍华人建筑家贝聿铭、设计洛杉矶太平洋设计中心建筑的佩里（Cesar Pelii）、保罗·鲁道夫和爱德华·巴恩斯等。他们的设计已经不是简单的现代主义的重复，而是在现代主义基础上的发展。其中，贝聿铭设计的华盛顿的国家艺术博物馆东厅、香港的中国银行大楼、得克萨斯的达拉斯的莫顿·迈耶逊交响乐中心和法国卢浮宫前的"水晶金字塔"（LeGrandLouvre，Paris，1989），都是非常典型的代表作品。这些作品没有烦琐的装饰，从结构上和细节上都遵循了现代主义的功能主义、理性主义基本原则，但是，却赋予它们象征主义的内容。比如水晶金字塔的金字塔结构本身，就不仅仅是功能的需要，而具有历史性、文明象征性的含义。又如西萨·佩里的洛杉矶太平洋设计中心，从整体来说，基本是现代主义的玻璃幕墙结构，但是，佩里采用了绿色和蓝色的玻璃，使简单的功能主义建筑具有特殊的、通过非同一般的色彩而表达出后现代象征的含义。

这种探索的方向，称为"新现代主义"（New-Modernism）。

### 2.2.4.1　华盛顿国家艺术博物馆东厅

●图2-50　华盛顿国家艺术博物馆东厅

●图2-51　布局

华盛顿国家艺术博物馆东厅（图2-50）是美国国家美术馆（即西馆）的扩建部分，总建筑面积56000m²，投资9500万美元。1978年落成。它包括展出艺术品的展览馆、视觉艺术研究中心和行政管理机构用房，由贝聿铭设计。东馆周围是重要的纪念性建筑，业主又提出许多特殊要求，贝聿铭综合考虑了这些因素，妥善地解决了复杂而困难的设计问题，因而蜚声世界建筑界，并获得美国建筑师协会金质奖章。"这座建筑物不仅是美国首都华盛顿和谐而周全的一部分，而且是公众生活与艺术之间日益增强联系的艺术象征。"当时的美国总统吉米·卡特说。

（1）布局（图2-51）

东馆位于一块3.64公顷（1公顷 = 10000m²）的梯形地段上，东望国会大厦，南临林荫广场，北面斜靠宾夕法尼亚大道，西隔约100m正对西馆东翼。附近多是古典风格的重要公共建筑。贝聿铭用一条对角线把梯形分成两个三角形。西北部面积较大，是等腰三角形，底边朝西馆，以这部分作展览馆。三个角上突起断面为平行四边形的四棱柱体。东南部是直角三角形，为研究中心和行政管理机构用房。对角线上筑实墙，两部分只在第四层相通。这种划分使两大部分在体形上有明显的区别，但整个建筑又不失为一个整体。

### （2）入口（图2-52）

展览馆和研究中心的入口都安排在西面一个长方形凹框中。展览馆入口宽阔醒目，它的中轴线在西馆的东西轴线的延长线上，加强了两者的联系。研究中心的入口偏处一隅，不引人注目。划分这两个入口的是一个棱边朝外的三棱柱体，浅浅的棱线，清晰的阴影，使两个入口既分又合，整个立面既对称又不完全对称。展览馆入口北侧有大型铜雕，无论就其位置、立意和形象来说，都与建筑紧密结合，相得益彰。

●图2-52　入口

### （3）小广场

东西馆之间的小广场铺花岗石地面，与南北两边的交通干道区分开来。广场中央布置喷泉、水幕，还有五个大小不一的三棱锥体，是建筑小品，也是广场地下餐厅借以采光的天窗。广场上的水幕、喷泉跌落而下，形成瀑布景色，日光倾泻，水声汩汩。观众沿地下通道自西馆来，可在此小憩，再乘自动步道到东馆大厅的底层（图2-53）。

●图2-53　广场水池

### （4）展览馆

美术馆馆长J.C.布朗认为欧美一些美术馆过于庄严，类若神殿，使人望而生畏；还有一些美术馆过于崇尚空间的灵活性，大而无当，往往使人疲乏、厌倦。因此，他要求东馆应该有一种亲切宜人的气氛和宾至如归的感觉。安放艺术品的应该是"房子"而不是"殿堂"，要使观众来此如同在家里安闲自在地观赏家藏珍品。他还认为建筑应该有个中心，提供一种方向感。为此，贝聿铭把三角形大厅作为中心，展览室围绕它布置。观众通过楼梯、自动扶梯、平台和天桥出入各个展览室。透过大厅开敞部分还可以看到周围建筑，从而辨别方向。厅内布置树木、长椅，通道上也布置一些艺术品。大厅高25m，顶上是25个三棱锥组成的钢网架天窗。自

●图2-54　底层展厅

然光经过天窗上一个个小遮阳镜折射、漫射之后，落在华丽的大理石墙面和天桥、平台上，非常柔和。天窗架下悬挂着美国雕塑家亚历山大·考尔德的动态雕塑。东馆的设计在许多地方若明若暗地隐喻西馆，而手法风格各异，旨趣妙在似与不似之间。东馆内外所用的大理石的色彩、产地以至墙面分格和分缝宽度都与西馆相同。但东馆的天桥、平台等钢筋混凝土水平构件用枞木作模板，表面精细，不贴大理石。混凝土的颜色同墙面上贴的大理石颜色接近，而纹理质感不同（图2-54）。

东馆的展览室可以根据展品和管理者的意图调整平面形状和尺寸，有些房间还可以调整天花高度，这样就避免了大而无当，而取得真正的灵活性，使观众觉得艺术品的安放各得其所。按照布朗的要求，视觉艺术中心带有中世纪修道院和图书馆的色彩。七层阅览室都面向较为封闭的、光线稍暗的大厅，力图创造一种使人陷入沉思的神秘、宁静的气氛。

### 2.2.4.2　法国卢浮宫前的水晶金字塔

20世纪80年代初，法国总统密特朗决定改建和扩建世界著名艺术宝库卢浮宫。为此，法国政府广泛征求设计方案。应征者都是法国及其他国家著名建筑师。最后由密特朗总统出面，邀请世界上十五位声誉卓著的博物馆馆长对应征的设计方案遴选抉择。结果，有十三位馆长选择了贝聿铭的设计方案。他设计用现代建筑材料在卢浮宫的拿破仑庭院内建造一座玻璃金字塔。不料此事一经公布，在法国引起了轩然大波。人们认为这样会破坏这座具有八百年历史的古建筑风格，既毁了卢浮宫又毁了金字塔。但是密特朗总统力排众议，还是采用了贝聿铭的设计方案。

当密特朗总统以国宾的礼遇将贝聿铭请到巴黎，为三百年前的古典主义经典作品卢浮宫设计新的扩建时，法国人对贝聿铭要在卢浮宫的院子里建造一个玻璃金字塔的设想，表现了空前的反对。在贝聿铭的回忆里，在他投入卢浮宫扩建的13年中，有2年的时间都花在了吵架上。当他于1984年1月23日把金字塔方案当作"钻石"提交到历史古迹最高委员会时，得到的回答是：这巨大的破玩意只是一颗假钻石。当时90%的巴黎人反对建造玻璃金字塔。

人们一直小心翼翼地避免把古迹变成艺术大市场，而贝聿铭却希望"让人类最杰出的作品给最多的人来欣赏"。他反对一切将玻璃金字塔与石头金字塔的类比，因为后者为死人而建，前者则为活人而造。同时他相信一座透明金字塔可以通过反映周围那座建筑物褐色的石头而对旧皇宫沉重的存在表示足够的敬意。自认因卢浮宫而读懂了法国历史观的贝聿铭并不难从埃菲尔铁塔中读出建筑的命运：建筑完成后要人接受不难，难就难在把它建造起来。因此他不惜在卢浮宫前建造了一个足尺模型，邀请6万巴黎人前往参观投票表示意见。结果，奇迹发生了，大部分人转变了原先的文化习惯，同意了这个"为活人建造"的玻璃金字塔设计。

贝聿铭设计建造的玻璃金字塔（图2-55），高21m，底宽30m，耸立在庭院中央。它的四个侧面由673块菱形玻璃拼组而成。总平面面积约有2000m²。塔身总重量为200t，其中玻璃净重105t，金属支架仅有95t。换言之，支架的负荷超过了它自身的重量。因此行家们认为，这座玻璃金字塔不仅是体现现代艺术风格的佳作，也是运用现代科学技术的独特尝试。

在这座大型玻璃金字塔的南、北、东三面还有三座5m高的小玻璃金字塔作点缀，与七个三角形喷水池汇成平面与立体几何图形的奇特美景。人们不但不再指责他，而且称"卢浮宫院内飞来了一颗巨大的宝石"。

●图2-55 法国卢浮宫前的玻璃金字塔

## 2.2.5 解构主义建筑

一些解构主义的建筑师受到法国哲学家德里达（Jacques Derrida）的文字和他解构的想法的影响。虽然这个影响的程度仍然受到怀疑；而其他人则被重申的俄国人构成主义运动中的几何学不平衡想法所影响。在解构主义，也有对其他20世纪运动作另外的参考：现代主义/后现代主义互相作用，表现主义、立体派、简约主义及当代艺术。解构主义的全面尝试，就是让建筑学远离那些实习者所看见的现代主义的束紧规范，如"形式跟随功能""形式的纯度""材料的真我"和"结构的表达"。

在解构主义运动的历史上的重要事件包括了1982年拉维列特公园（Parc de la Villette）的建筑设计竞争（德里达和彼得·艾森曼的作品和柏纳德·楚米的得奖作品），1988年现代艺术博物馆在纽约的解构主义建筑展览，由菲利普·约翰逊和马克·威格利组织，还有1989年初位于俄亥俄州哥伦布市由彼得·艾森曼设计的卫克斯那艺术中心（Wexner Center for the Arts）。为了反映当地的历史，卫克斯那艺术中心大楼有一些巨塔结构。灵感来自一个像古堡的兵工厂。那个兵工厂在1958年已经被烧毁。中心的设计也包含了白色金属方格来代表鹰架，以表示未完成的感觉，带些解构主义建筑的味道（图2-56）。

●图2-56　卫克斯那艺术中心

解构主义是对正统原则、正统秩序的批判与否定。它从"结构主义"中演化而来，其实是对"结构主义"的破坏和分解。解构主义风格的特征是把完整的现代主义、结构主义、建筑整体破碎处理，然后重新组合，形成破碎的空间和形态，是具有很大个人性、随意性的表现特征的设计探索风格，是对正统的现代主义、国际主义原则和标准的否定和批判。其代表人物为弗兰克·盖里和彼得·艾森曼。

经历16年波折、耗资2.74亿美元修建的沃尔特·迪士尼音乐厅2003年在洛杉矶市中心正式落成时，其独特的外表引来的关注早已超过了音乐厅本身。弗兰克·盖里认为欣赏音乐是一种全面体验，并不仅局限于音响效果，因此在厅内设计时充分考虑了演奏大厅内的视觉效果、温度以及座椅的感觉等因素。大厅设计上，盖里运用丰富的波浪线条设计天花板以营造出一个华丽的环形音乐殿堂。为使在不同位置的听众都能得到同样的充分的音乐享受，音乐厅采纳了日本著名声学工程师永田穗的设计；厅内没有阳台式包厢，全部采用阶梯式环形座位，坐在任何位置都没有遮挡视线的感觉。音乐厅的另一设计亮点是，在舞台背后设计了一个12m高的巨型落地窗供自然采光，白天的音乐会则如同在露天举行，窗外的行人过客也可驻足欣赏音乐厅内的演奏，室内室外融为一体，此一设计绝无仅有（图2-57）。

●图2-57　弗兰克·盖里设计的沃尔特·迪士尼音乐厅

## 2.2.6 建构主义建筑与俄罗斯未来主义

许多大型的建筑都是从20世纪初期俄罗斯的建构主义与未来主义运动中得到启发。

贾柏（Naum Gabo）、利西斯基（El Lissitzky）、马列维奇、亚历山大·罗钦可，这些艺术家影响了建构主义者如扎哈·哈迪德和蓝天公司对几何形式的构图观感。解构主义和建构主义都是关于抽象混集的构造。

建构主义建筑都是以长方形与三角楔形为主要构图，配以其他正方形与圆形。利西斯基在他的"Prouns"系列中在自由空间内从不同角度来组合几何图形。它们唤醒了建筑师对基本结构单元的触觉。他们利用技术制图或者工程制图来把这些基本结构单元勾画出来。同样的制作方式也在解构主义建筑中出现，如李伯斯金的"Micromegas"。

俄罗斯构成主义建筑大师列奥尼多夫（Ivan Leonidov）、康斯坦丁·梅尔尼可夫（Konstantin Melnikov）、亚历山大·维斯宁（Alexander Vesnin）、乌拉迪莫·塔特林（Vladimir Tatlin）的原始结构主义对解构主义建筑师有很大冲击，特别是十分著名的雷姆·库哈斯，他们的作品看似是具体化的建构过程。他们像把建筑工地、棚架、起重机的临时性与过渡性的外貌敲定成定稿，在"云吊架"（Wolkenbügel）中，利西斯基把起重机连接起来，变成可以居住的地方，就像库哈斯为我国中央电视台所设计的总部大楼（图2-58）。

●图2-58 我国中央电视台总部大楼

## 2.3 中国古代建筑史

中国古代历史创造了灿烂的中国文化，创造了中华文明。在中华历史进程中，建筑艺术和成就在中华文化体系中占据着极其重要的地位，同时也成为世界建筑体系中重要的组成部分。

### 2.3.1 中国古代建筑体系

**（1）中国古代建筑体系**

中国古代建筑体系分为木构建筑体系、砖石砌筑建筑体系、洞窟建筑体系和绳索建筑体系四种，其中木构建筑体系是我国古代建筑体系的主流。四种建筑体系应用于各种建筑类型，如表2-1所示。

表2-1 四种建筑体系及适用类型

| 体系 | 适用的建筑类型 |
|---|---|
| 木构建筑体系 | 民居、祠堂、宫殿、寺庙、坛庙、园林建筑等 |
| 砖石砌筑建筑体系 | 砖塔、城墙、城门、石桥、陵墓等 |
| 洞窟建筑体系 | 石窟、窑洞等 |
| 绳索建筑体系 | 索桥、栈等 |

**（2）古代木构建筑结构体系**

我国古代木构建筑结构体系主要有穿斗式和抬梁式两种。

穿斗式木构建筑的特点是：用穿枋把柱子串联起来，形成一榀榀的房架；檩条直接搁置在柱头上；在沿檩条方向，再用斗枋把柱子串联起来。这种木构建筑被广泛用于江西、湖南、四川等南方地区（图2-59）。

抬梁式木构建筑的特点是：在石础上搭建木柱，柱上搁置梁头，梁头上搁置檩条，梁上再用矮柱架起短小的梁，如此叠层而上，梁的总数可达3～5根。当柱上有斗拱构件时，将梁头搁置在斗拱上。这种木构建筑常见于北方地区和宫殿、庙宇等较大规模的建筑物（图2-60）。

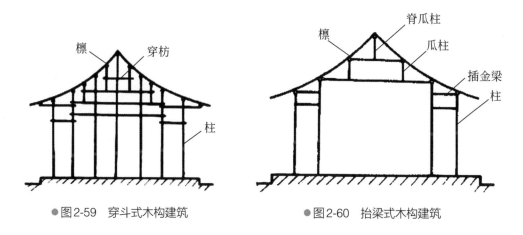

●图2-59　穿斗式木构建筑　　　　　　　●图2-60　抬梁式木构建筑

抬梁式木构建筑做法分为大木大式和大木小式两种。大木大式做法用于重要建筑中，大木小式做法用于次要建筑中。两种做法的建筑相比较，如表2-2所示。

表2-2　大木大式和大木小式建筑的区别

| 大木大式建筑 | 大木小式建筑 |
| --- | --- |
| 有斗拱，也可无 | 无斗拱 |
| 有围廊 | 有前后廊 |
| 间架：5～11间 | 间架：3～5间 |
| 有扶脊木 | 无扶脊木 |

续表

| 大木大式建筑 | 大木小式建筑 |
|---|---|
| 用瓦材做屋顶 | 用植物和稻草等做屋顶 |
| 无飞椽 | 无飞椽 |
| 低级屋顶形式 | 低级屋顶形式 |

注：1.间架：中国古代木构建筑把相邻两榀屋架之间的空间称为"间"，房屋的进深以"架"数来
　　表达。
　　2.扶脊木：被脊固定于脊桁上，截面为六角形，在扶脊木两侧朝下的斜面上开椽窝以插脑椽，
　　该构件出现于明清时期，仅用于大木大式建筑中。
　　3.椽：支撑屋盖材料的木杆。

## 2.3.2 中国古代木构建筑主要构件及装饰

### 2.3.2.1 屋顶

　　中国古代建筑常常采取纵向三段式构图，建筑自上而下分别为屋顶、屋身和台基。屋顶
在整个建筑中处于最上部，其形态特征具有很强的标志性。根据屋顶数量划分，古代建筑屋
顶分为单檐屋顶和重檐屋顶；根据屋顶形式划分，屋顶分为庑殿、歇山、悬山、硬山、攒尖、
卷棚、盝顶、盔顶、十字脊顶、扇面顶、勾连搭等形式，其中重檐庑殿屋顶是中国古代大屋
顶中形式中的最高级别，例如天安门城楼、太和殿等（图2-61、图2-62）。

### 2.3.2.2 梁柱

　　穿斗式和抬梁式木构建筑中都有横梁与立柱，这是中国古代木构建筑的主要支撑构件。
横梁上的装饰不仅具有美观性，而且起到保护作用，同时能够反映建筑的等级。立柱的高
度、柱距、建筑立面中立柱数量决定了建筑的规模，如图2-63、图2-64所示。

### 2.3.2.3 斗拱

　　斗拱（图2-65）是中国古代建筑中独特的结构构件，位于建筑横梁与立柱的交界处。构
件由斗、拱、昂三部分组成。斗拱的作用有如下几个方面：① 支撑作用；② 连接柱网；
③ 减少弯矩作用；④ 加大平行木纹的挤压面；⑤ 提升建筑空间；⑥ 吸引地震能量；⑦ 具有
一定装饰性。

● 图2-61　天安门城楼屋顶

● 图2-62　太和殿屋顶

● 图2-63　横梁

● 图2-64　立柱

●图2-65　斗拱

#### 2.3.2.4　雀替

雀替（图2-66）通常位于中国古代建筑梁与柱的交界处、柱间的挂落下，或作为纯粹的装饰构件。宋代称为"角替"，清代称为"雀替"。雀替的用材与建筑用材相一致，木构建筑采用木雀替，石材建筑采用石雀替。

#### 2.3.2.5　台基

台基一般由基座和踏道两个部分组成，某些台基前有月台。

基座根据等级与形式又可分为普通基座、须弥座和复合型基座。普通台基可用于一般住宅和园林建筑，须弥座源自佛座，由多层砖石构件叠加而成，单层须弥座和复合型基座用于宫殿和庙宇等较高等级的建筑。

●图2-66　雀替

台基一般采用石材，可对木构建筑起到防水、防潮作用。《尚书·大诰》中记载："若考作室，既底法，厥子乃弗肯堂；矧肯构？"译文为"父亲要建房子，已设计完毕，但儿子不肯建地基，更何况建造房子呢？"这句话说明了台基具有承托建筑的作用。

踏道根据形式不同，分为阶梯形踏道和斜坡式踏道。

如果建筑高大而雄伟，基座也会根据建筑的尺度适当加大，且在基座前加设月台。月台可以增加建筑室外活动的空间，丰富建筑视觉层次，如图2-67所示。

●图2-67　南京明孝陵台基残垣

### 2.3.2.6　藻井

藻井是中国古代建筑中独特的天花装饰与建筑结构。中国古代建筑常在殿堂明间正中位置装修斗拱、描绘图案或雕刻花纹。藻井一般都用木材，采取木结构的方式做出如方形、圆形、八角形的样式，并以不同层次向上凸出，在每一层的边沿处都做出斗拱，然后将斗拱做成木构建筑的真实式样，承托梁枋，再支撑拱顶。藻井最中心部位的垂莲柱为二龙戏珠，图案极为丰富，可产生精美华丽的视觉效果，如图2-68所示。

●图2-68 藻井

### 2.3.2.7 彩画

在中国古代建筑中，常见的装饰手法是彩画，由箍头、枋心、垫板、藻头等几个部分组成。和玺彩画、旋子彩画和苏式彩画是最常见的彩画形式（图2-69）。

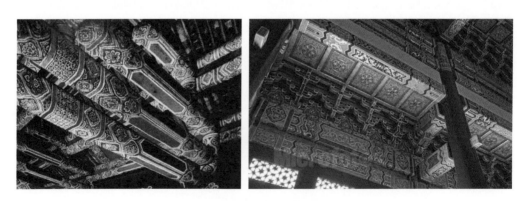

●图2-69 彩画

和玺彩画以龙、凤的形态作为装饰主题，蓝绿色基调，龙的形态主要包括行龙、坐龙、卧龙和降龙四种，凤凰为金色。和玺彩画主要应用在皇家宫殿、坛庙的主殿及堂、门等重要建筑上，是彩画中的最高形式。

旋子彩画在藻头内用旋涡状的几何图形构成一组圆形的牡丹图案，称为旋花。旋花基本单位有"一整二破""一整二破加一路""一整二破加二路""一整二破加勾丝咬""一整二破加喜相逢"等形式，主要用于一般官衙、庙宇、城楼、牌楼等建筑上，等级上仅次于和玺彩画。

### 2.3.3 中国古代建筑发展历程简述

从建筑发展规律的角度划分，中国古代建筑分为原始社会时期、奴隶社会时期和封建社会时期。封建社会时期又可分为三个阶段：封建社会前期、封建社会中期和封建社会后期，如图2-70所示。

● 图2-70　中国古代建筑发展阶段

#### 2.3.3.1　原始社会时期的建筑（约170万年前—公元前21世纪）

漫长的原始社会主要经历了旧石器时期和新石器时期。在旧石器时期，人类开始使用打制石器；到了新石器时期，人类开始使用磨制石器。磨制石器的使用是区分旧石器时期和新石器时期的重要标志。

从新石器时期的建筑遗存上看，它们主要有位于黄河上游和渭水流域的仰韶文化、位于黄河中下游的龙山文化、位于长江中下游的河姆渡文化和位于内蒙古、东北和新疆一带的细石器文化。

大多数仰韶文化建筑遗存采用半地穴建筑形式，以半坡文化遗址为代表，如图2-71所示。龙山文化建筑遗存主要特点有如下三个方面：其一，建筑平面采用"吕"字形；其二，建筑面积相对仰韶文化建筑遗存而言偏小一些；其三，建筑材料主要采用土坯砖和白灰土。

从考古发掘的实物上看，河姆渡文化建筑遗存带有榫卯结构。榫卯结构是在两个木构件上采用的一种凹凸结合的连接方式，凸出部分叫榫，凹进部分叫卯，如图2-72所示。

细石器时期建筑遗存主要有三道岭遗址和七城子遗址。三道岭遗址位于哈密市以西80km处，发现的细石器有用砾石打制成的刮削器、细长石片、锥形石核等。制作石器的石材主要为玛瑙和石髓。七城子遗址位于木垒哈萨克自治县大石头乡以南，文化遗物有石核、石叶、石片石器以及石片等。石片石器中有扇形、龟背形、条形、三角形、弧形刮削器等。

●图2-71　半坡村原型半地穴建筑　　●图2-72　河姆渡文化建筑遗址发掘的榫卯结构

## 2.3.3.2　奴隶社会时期的建筑（公元前21世纪—公元前476年）

奴隶社会经历了夏朝、商朝、西周和春秋时期。

随着生产力的进步，私有制的产生，社会出现了剥削阶级和被剥削阶级。原始社会逐步解体，奴隶社会开始形成。公元前21世纪，大禹的儿子启建立了夏朝，夏朝的建立，标志着奴隶制国家的产生。公元前16世纪，夏朝被商汤所灭。夏朝的建筑成就主要表现在如下几个方面。

① 砖瓦的出现，对改善建筑室内环境起到积极作用。
② 城池的营造，具有防御作用；沟洫的开凿，具有给水、排水的作用。
③ 城墙的修筑，一可防患水灾，二可抵御外敌入侵。

公元前16世纪，商朝建立，到公元前1046年，商朝灭亡。商朝的建筑成就主要体现在宫室的规划与营建上。从宫室布局上看，中国封建社会宫室常用的前殿后寝式格局和建筑群沿中央轴线作对称布局方法，在商朝晚期宫室规划中已经形成雏形（图2-73）。

●图2-73　殷墟复原图

西周时期（公元前1046年—公元前771年）的建筑成就主要反映在都城规划上。《周礼·考工记》中记载："匠人营国，方九里，旁三门，国中九经九纬，经涂九轨，左祖右社，前朝后市，市朝一夫。"这段话描述了理想的都城规划布局与结构，并为后世所沿用。

春秋时期（公元前770年—公元前476年），瓦在建筑上得到了普遍使用，出现了高台建筑，另外陵园不用围墙而用城隍作防卫。

### 2.3.3.3　封建社会前期的建筑（公元前475年—公元589年）

封建社会前期经历了战国时期、秦汉两朝和魏晋南北朝时期。

战国时期（公元前475年—公元前221年）城市建设成就显著，尤其是齐国临淄、赵国邯郸、燕国下都等国家的都城建设。

秦朝（公元前221年—公元前207年）最著名的建筑莫过于阿房宫。晚唐时期著名诗人杜牧曾在《阿房宫赋》中对阿房宫有这样一段描述："覆压三百余里，隔离天日。骊山北构而西折，直走咸阳。二川溶溶，流入宫墙。五步一楼，十步一阁；廊腰缦回，檐牙高啄；各抱地势，钩心斗角。"可见，阿房宫气势雄浑，这体现出了秦朝当时高超的建筑艺术成就。除阿房宫外，秦始皇陵和秦长城也是秦朝建筑成就的杰出代表。

汉朝（公元前202年—公元220年）木构架建筑技术日趋成熟，其中斗拱已在建筑中普遍采用，制砖技术和拱券技术也得到快速发展。陵墓建筑制度在这一时期也有所创新，出现了凿山为陵，同时安置了许多陪葬墓，它们被称为"陪陵"，如著名的茂陵就称为"中国的金字塔"。在城市建设方面，其中以汉长安、东汉洛阳和曹魏邺城的建设成就尤其突出（图2-74）。

●图2-74　茂陵

魏晋南北朝时期（公元220年—公元589年）的建筑成就主要体现在佛教建筑和园林艺术上。

北魏时期洛阳永宁寺楼阁式木塔、河南登封嵩岳寺密檐式砖塔是寺院建筑的典型代表。大同云冈石窟、洛阳龙门石窟、太原天龙山石窟等是这一时期石窟艺术珍品（图2-75 ～图2-79）。

魏晋南北朝时期是我国古典园林发展的转折期，园林艺术特色主要体现在以下几个方面：

① 在以自然美为核心的时代美学思潮影响下，古典风景式园林由再现自然发展到表现自然，由单纯模仿自然山水发展到对自然山水加以概括、提炼、抽象化和典型化；

② 园林的狩猎、求仙等功能基本消失或仅保留象征意义，游赏活动成为主导或唯一功能，人们更加追求视觉景观的美的享受；

③ 私家园林兴起，一种是以贵族、官僚为代表的崇尚华丽、争奇斗艳的建筑形式，另一种

● 图2-75　洛阳永宁寺楼阁式木塔

● 图2-76　河南登封嵩岳寺密檐式砖塔

● 图2-77　大同云冈石窟

● 图2-78　洛阳龙门石窟

● 图2-79　太原天龙山石窟

是以文人名士为代表的表现隐逸、追求山林泉石之怡性畅情的建筑形式；

　④ 皇家园林的建设纳入都城的总体规划中，大内御苑居于都城中轴线上，成为城市中心的组成部分；

　⑤ 建筑作为造园要素，与其他自然要素相搭配，取得了较密切的协调关系。

### 2.3.3.4　封建社会中期的建筑（公元589—公元1279年）

●图2-80　山西五台县的佛光寺大殿

封建社会中期经历了隋唐两朝、五代十国时期和宋、辽、金并立时期。

　隋代（公元581年—公元618年）的建筑成就主要反映在城市建设上，隋大兴城是我国古代规模最大的都城，都城布局、城市轮廓和东汉洛阳相似，功能分区清晰。唐代在隋大兴城的基础上加以扩建，改名为长安，整个长安城规模宏大、规划严整，对当时日本的城市建设产生了深远影响。

　唐代（公元618年—公元907年）的佛教建筑十分兴盛。例如，位于山西五台县的佛光寺大殿，面阔七间，进深四间，屋顶采用庑殿顶，结构上有金箱斗底槽做法，被我国著名建筑学家梁思成先生誉为"中国第一国宝"（图2-80）。

●图2-81　山西五台县西南的南禅寺大殿

●图2-82　乐山大佛

●图2-83　乾陵

　　再如，位于山西五台县西南的南禅寺大殿是中国现存最早的木构大殿、位于四川乐山市的乐山大佛是唐代石窟造像中的艺术精品（图2-81、图2-82）。

　　说起唐代的陵墓建筑，当属乾陵最为著名。乾陵是全国乃至世界上唯一一座夫妻都是皇帝的合葬陵墓，陵墓位于陕西咸阳市梁山上，气势雄伟（图2-83）。曾有这样的诗句描绘该陵墓："千山头角口，万木爪牙深。"在皇家园林建筑规划上，唐代大明宫、兴庆宫最具特色。

　　五代十国时期（公元907年—公元960年）是一个多战乱、大割据时代，这一时期的苏州园林有所发展，其中最著名的建筑有苏州虎丘云岩寺塔、杭州保俶塔等（图2-84、图2-85）。

●图2-84　苏州虎丘云岩寺塔　　●图2-85　杭州保俶塔　　●图2-86　山西应县佛宫寺释迦塔

● 图2-87　妙应寺白塔

宋、辽、金并立时期（公元960年—公元1279年）建筑方面的成就主要反映在城市规划、佛教建筑和建筑理论上。宋代的都城汴梁建设打破了唐代的里坊制度，沿街设肆，形成开放城市。例如，平江城中的坊，不设坊门和坊墙。辽代时期建造的山西应县佛宫寺释迦塔是我国现存的唯一最古老、最完整的木塔（图2-86）。三大辽代寺院分别是：辽宁义县奉国寺、河北蓟县独乐寺和山西大同华严寺。山西太原晋祠中的献殿建于金大定八年（公元1168年），面阔三间、进深两间，是晋祠三大国宝建筑之一。北宋时期官方颁布了《营造法式》，作者李诫，这是我国现存年代最早、最完整的建筑技术书籍。

### 2.3.3.5　封建社会后期的建筑（公元1279—公元1911年）

封建社会后期经历了元、明、清三代。

元代（公元1279年—公元1368年）永乐宫位于山西芮城，在建筑结构上采用朱、辽、金并立时期的"减柱造"。妙应寺白塔是我国年代最早、规模最大的一座元代藏传佛教塔（图2-87）。

明代（公元1368年—公元1644年）建筑成就主要体现在宫殿、陵墓、园林、住宅等诸多方面。北京故宫建筑群（图2-88）规划就是在明代建成的，是明、清两朝的皇宫。明十三陵是明代十三位帝王的陵墓群，位于北京西北昌平区境内，从建筑设计手法上看，陵墓群注重相地，采用虚实结合手法，强调建筑与雕塑的结合。拙政园（图2-89）和留园（图2-90）是明代江南园林，园林在叠山理水方面独具特色，建筑体最适宜，造型丰富。明末造园家计成著有《园冶》，系统地总结了中国古代造园方法与实践经验。明代住宅以古徽州民居为代表。

清代（公元1644年—公元1911年）是我国古代封建社会最后一个朝代，其建筑成就举世瞩目。宫殿建筑最具代表的有作为皇帝行宫的承德避暑山庄等。民居建筑方面最具代表的有北京四合院、山西灵石县王家大院（图2-91）、山西祁县乔家大院（图2-92）等。北京四合院的建筑格局带有封建家长制，空间尺度适中，主要受风水思想影响。王家大院规模宏大，装饰精美，称为"中国民居艺术馆"。乔家大院又名"在中堂"，是清代著名商业金融资本家乔贵发的宅第。建筑理论方面最具代表的是雍正年间颁布的清工部《工程做法则例》，这是清代宫廷建筑的法规。

●图2-88　北京故宫建筑群

●图2-89　拙政园

●图2-90　留园

●图2-91　王家大院建筑群

●图2-92　乔家大院建筑群

## 2.4 中国近现代建筑史

1840年鸦片战争开始，中国进入半殖民地半封建社会，从而开启了中国近代建筑发展历程。

中国近代建筑大体上分为三个时期：19世纪中叶—19世纪末、19世纪末—20世纪30年代末和20世纪30年代末—20世纪40年代末。

### 2.4.1.1 19世纪中叶—19世纪末

19世纪中叶—19世纪末是中国近代建筑发展的早期。该时期虽然在广州、厦门、福州、宁波、上海等通商口岸城市中的新城区出现了早期的外国领事馆、工部局、银行、商店、工厂、仓库、饭店、俱乐部和洋房住宅等建筑，但新建筑在类型上、数量上、规模上却很有限。该时期的建筑标志着中国建筑开始突破故步自封的状态，迈开了现代转型的初始步伐，随后通过西方近代建筑的被动输入和主动引进，近代中国新建筑体系逐步形成。

### 2.4.1.2 19世纪末—20世纪30年代末

19世纪末—20世纪30年代末的建筑类型种类有所发展，民用建筑与工业建筑已基本齐备，水泥、玻璃、机制砖瓦等建筑材料的生产能力也有明显提升。另外，近代建筑工人的队伍也壮大了。20世纪20年代，近代中国新建筑体系形成。1927年—1937年，近代建筑活动进入繁荣期，如图2-93所示。

### 2.4.1.3 20世纪30年代末—20世纪40年代末

1937年—1949年年间，中国由于经历了抗日战争和内战，其战争持续了12年之久，因而，建筑活动很少。但是，著名建筑学家梁思成先生，却为保护历史建筑做出了不懈努力。总之，这一时期是近代中国建筑活动的停滞期。

●图2-93　吕彦直设计的南京中山陵园

## 2.4.2 中国现代建筑

　　自1949年10月新中国成立后的几十年的历史中，中国建筑的发展经历了两个时期。第一个时期由于历史环境的原因，中国人民不得不依靠自身力量去完成与建立国家工业基础的任务，因此该时期称为自律时期；第二个时期自20世纪70年代末开始，因为国家实行改革开放，中国进入转型期，即开放时期。

　　在自律时期的建筑发展中，尤其需要关注的是：在1959年10月，即我国新中国成立10周年之际，北京兴建起一系列建筑，如人民大会堂、中国革命博物馆与中国历史博物馆（两馆属同一建筑内，即现在的中国国家博物馆）、中国人民革命军事博物馆、农业展览馆、民族文化宫、北京火车站、工人体育场、钓鱼台国宾馆、华侨大厦、民族饭店建筑，即"十大国庆建筑"。这些建筑凝结了当年建筑师的智慧与汗水，也显示出了当时中国建筑艺术与技术的最高成就。

开放时期的建筑设计水平迅速发展，再加上外国的建筑技艺对中国建筑的影响，从而促使中国建筑设计的多元格局逐渐形成。这一时期的建筑代表作非常多，其中有美国华裔建筑大师贝聿铭设计的香山饭店、美国SOM设计事务所设计的上海金茂大厦等，如图2-94、图2-95所示。

●图2-94　北京香山饭店

●图2-95　上海金茂大厦

03

# 建筑平面图
# 设计

# 3.1 建筑平面图设计概述

## 3.1.1 建筑平面图设计概念

世界著名建筑师、现代主义建筑学派的奠基人格罗皮乌斯曾经说过："建筑师作为一个协调者，其工作是统一各种与建筑相关的形式、技术、社会和经济问题。"在建筑平面上的"协调"，即为建筑平面设计。

假想水平剖切平面在位于距离楼（地）面1.6m左右处把建筑剖切开来，移去剖切平面以上的部分，将其下半部分向水平面做正投影所得到的水平剖切图称为平面图。一般情况下，建筑有几层就应该画几个平面图，并在图纸下方标明相应的图名。当建筑中间若干层的平面布局、构造状况完全一致时，则可用一个平面图来表达相同布局的若干层，称为建筑标准层平面图。建筑平面图的常用比例为1∶100、1∶150、1∶200等。对建筑平面图构思、创作的过程即建筑平面图设计（图3-1）。

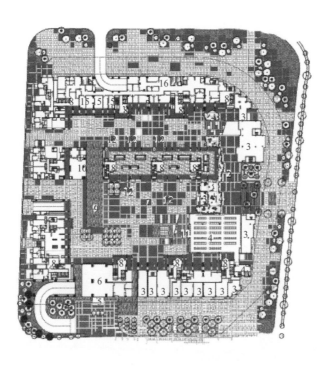

首层平面图

1——商业广场

2——商业下沉广场

3——商店

4——超市

5——落客处

6——大厅

7——景观庭院

8——电梯厅

9——浅水池

10——健身房

11——儿童活动区

12——盆景区

13——茶室

14——竹林

15——居民活动室

16——诊所

● 图3-1 万科峰境首层平面图

## 3.1.2 建筑平面图设计的作用

　　建筑平面图设计是在依据建筑属性和建筑设计相关国家与地方性法规的前提下，按照委托方的要求对建筑内部空间组合的过程，是解决建筑局部与建筑整体、建筑与外部环境、空间序列、功能联系与建筑形体组合之间矛盾的过程。

### 3.1.2.1　解决建筑内部空间组合的问题

　　建筑空间内、外有别。一般认为位于建筑内部，且全部由建筑物本身所形成的空间称为内部空间。对一栋建筑而言，建筑内的各个功能用房、走廊、电梯间、楼梯间、洗手间等都是内部空间。

　　对内部空间的分析，常常从两个方面入手：一是单一空间问题；二是多空间组合问题。单一空间是构成建筑最基本的元素，任何复杂的建筑空间都可以分解为一个个单一空间，而对复杂的建筑空间的分析就可以从单一空间元素分析着手。

　　在现实生活中，只有极少数、极个别的建筑由单一空间组成，绝大多数建筑由几个、十几个、几十个，甚至几百个、上千个单一空间按照一定的位置关系组合而成。人们在建筑中的行为活动往往涉及多个建筑空间，因此，要处理好建筑空间还需处理好各个单一空间的相互关系。同时，将它们以最为合理的方式有机组合起来，形成一个有机整体，从而满足人们的使用要求。显然，这一问题较单一空间的处理而言更加复杂，属于多空间组合的问题。

### 3.1.2.2　解决建筑局部与整体、建筑与环境之间关系的问题

　　当建筑功能复杂时，建筑在大的功能中又可以分为若干小的功能系统，如酒店建筑主要是为旅客提供一个住宿与餐饮的地方，在建筑功能系统上分为住宿、餐饮、会议、康体、其他服务等，每个功能系统中又由若干建筑空间组成。若整个酒店设计后想高效率地投入运营，就必须解决好建筑局部与建筑整体之间的关系。

　　当我们进行建筑平面设计，尤其是建筑首层平面设计时，往往需要结合建筑用地地块周围的环境进行整体性设计。如果在构思时，没有考虑到建筑周围环境中的交通流线、绿化布局、景观特征、地域特点、地方文化等因素与建筑设计的影响，在一定情况下，建筑与建筑外部环境之间可能会存在一些矛盾。因此，在建筑设计中，我们要树立全局观念，考虑到多方面的设计限定条件，尽量处理好建筑与环境之间的关系。

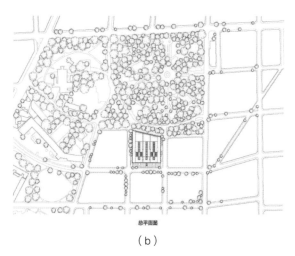

（a）

（b）

● 图3-2　布宜诺斯艾利斯新市政厅

图3-2所示为布宜诺斯艾利斯新市政厅。

### 3.1.2.3　解决空间序列、功能联系与建筑形体组合之间关系的问题

建筑平面图设计主要是对建筑的空间序列、空间功能、建筑平面形体组合的设计。建筑空间序列与建筑功能紧密相连，空间序列又离不开空间组织。建筑空间组织可以大致划分为如下几种关系。

#### （1）并列关系

建筑各个空间在功能上、面积上相同与相近，彼此之间没有直接的依存关系。例如，宿舍楼中的寝室、教学楼中的教室、办公楼中的办公室等多以走道或走廊为交通联系，从而沿走道或走廊单面布房或双面布房。

#### （2）序列关系

建筑若干空间在使用过程中有明确的先后顺序的，多采用序列关系，以便符合使用功能的要求和人们的行为习惯，如博物馆、展览馆、文化馆中的展厅、候车楼、候机楼等建筑。

#### （3）主从关系

建筑若干空间在功能上既相互依存又有明显的隶属关系的，多采用主次关系的空间布局。其中，主要的建筑空间面积比从属的建筑空间面积大，且各从属空间多位于主要空间的周围，如图书馆同一层楼中的书库空间与阅览空间之间是一种主从关系，书库空间较大且在主要的空间位置，阅览空间则相对面积较小，处于从属地位。再如，住宅中的起居室与卧室、餐厨等空间的关系也是主从关系。

**（4）综合关系**

建筑形体组合形式与建筑内部空间设计也有着密切关系，需要绘图者在满足建筑节能要求的基础上，使建筑形体组合与建筑空间组合、建筑功能等因素有机结合起来。同时，这三者之间又是相互作用的。建筑形体组合离不开建筑物体形系数，建筑体形系数越小，建筑物节能效果才能越好。

为了减少建筑物体形系数，在设计中可以采取如下几种方式：

① 建筑平面布局紧凑，减少外墙凹凸变化，即减少外墙面的长度；

② 加大建筑物的进深；

③ 加大建筑物的层数；

④ 加大建筑物的体量。

图3-3所示为皮克林宾乐雅酒店。

(a) 酒店外景观

(b) 五层平面图

●图3-3　皮克林宾乐雅酒店

# 3.2　建筑平面图构思方法

## 3.2.1 建筑平面图的形态

**（1）基本几何形态**

基本几何形态是构成建筑平面最简洁的几何形，具有单纯、完整、直观、简单、易识别的特点，常用的平面几何形态有圆形、矩形、正方形等。例如，位于福建一带的土楼民居建筑，其平面大多采用圆形和正方形，整个民居可容纳一个家族所有成员居住与生活，建筑四周围以厚实的墙体，只有少量的门窗与外部相连。这种建筑平面形式是客家先民内部团结和抵御外寇侵犯的重要见证，如图3-4所示。

●图3-4　福建土楼

（2）基本几何形态的变形与组合

① 渐变。渐变是指围合几何形态的线在长度、宽度、夹角、曲率等方面按照一定方向、一定比例有规律地变化，如圆形变为椭圆、正方形变为平行四边形等。

② 弯扭。弯扭是指在力的作用下使几何形态在曲率、角度上的整体变化，如矩形弯成弧形，再扭曲为"S"形。

## 案例

### 意大利世博会阿联酋馆

如图3-5所示，2015年意大利世博会阿联酋馆入口由两面12m高的波状墙构成。

●图3-5　意大利世博会阿联酋馆

●图3-6 承德天山商业中心

●图3-7 银川当代美术馆

③ 伸展。伸展是指几何形态在一边或数边向形态外侧平行扩展，如三角形和正五边形伸展为"Y"字形，正方形伸展为"十"字形，六边形伸展为"×"字形。

④ 错叠。错叠是指将相同或不同的几何形态错位相叠，如两个矩形错叠后，重合部分是个矩形；一个三角形和正方形错叠，重合部分是个四边形；两个圆形错叠后形成双环形（图3-6）。

⑤ 压拉。压拉是指在基本形态边线的某点上加力，向基本形态内部压或外部拉而产生的形变（图3-7）。

⑥ 群化。群化是指将相同或不同的若干基本形态有序地组合在一起，形成新的形象。例如，三角形和两个梯形的组合、两个形状大小相同的三角形与平行四边形的组合、三个矩形的组合等（图3-8）。

●图3-8 中国国际建筑艺术实践展
　　　　四号住宅

**（3）基本几何形态的分割与重组**

基本几何形态的分割包括对基本形态的切割和剪切组合两个方面。

① 切割。切割是指用直线、凸线、凹线对几何形态的局部切割，如正方形切去一角变为五边形，完整的圆形切去四分之一圆形成270°的扇形（图3-9）。

② 剪切组合。剪切组合是指基本形态在"剪刀"的作用下错位变形，如正方形在剪切下组合成为错位连接的两个矩形，圆在剪切下组合成为错位连接的两个半圆形（图3-10）。

●图3-9　台湾圆石云山汇

●图3-10　挪威新德Barcode B.10.1办公楼

## 3.2.2 建筑平面图形态构思方法

### （1）形态设计与功能需求相结合

建筑设计的最终目的是满足人们在空间使用过程中的功能需求。建筑平面图设计是初学者在建筑设计构思阶段首先应考虑的，则其形态设计与功能需求结合得是否贴切就显得尤为重要。在满足人们功能需求的同时，建筑平面的形态设计还应大胆创新。

美国著名建筑大师赖特在设计纽约古根海姆博物馆（图3-11）时，打破了以往博物馆"迷宫式"和"盒子式"的平面布局形式，设计出了一个弯曲、连续的螺旋形平面，将展品分布于螺旋形墙壁上，给观众耳目一新的感觉，同时也体现了赖特先生"有机建筑理论"的设计思想。这种平面布局形式给后来的设计师在建筑创作中带来了新的设计灵感。

●图3-11　纽约古根海姆博物馆

**（2）形态设计与传统符号相结合**

建筑平面形态在设计时往往需考察建筑所处的地域、文化、历史、周边环境等因素。在这些因素相关符号中提炼建筑平面形态，是建筑平面构思来源之一，同时也为后续建筑设计奠定了一个良好的基础。

博帕尔邦会议大厦建筑平面创意取自于古印度文化中的曼荼罗图形，曼荼罗的实质是强调表现中心与边界。该建筑平面布局形式是将一系列公共空间分隔为九宫格形式，并将它们围合在一个完整的圆形平面内（图3-12）。

**（3）形态设计与心理感受相结合**

建筑平面图设计实质上是空间形态设计，在设计时设计师还应考虑到空间与空间的关联性，其基本原则是注重人在空间活动中的心理感受。这一点在宗教建筑和皇家建筑中表现得尤为突出。

日本著名建筑大师安藤忠雄所设计的真言宗本福寺水御堂坐落在日本兵库县，它采用卵形水池象征生命的诞生与再生，采用莲花象征开悟的释迦牟尼像，采用圆形大殿象征循环不息的轮回（图3-13）。观众可通过平面行进的路线对建筑各个组成部分产生不同的心理暗示与体验，能够在心里感受宗教的神圣与洗礼。

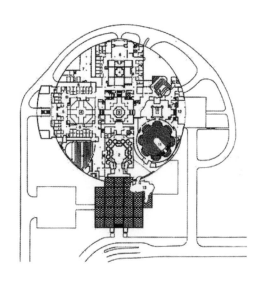

●图3-12 博帕尔邦会议大厦建筑平面

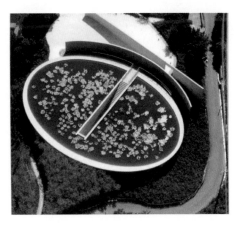

●图3-13 真言宗本福寺水御堂

### 3.2.3 建筑平面组合方式

**（1）走廊式组合**

走廊式组合是指走廊的一侧或双侧布置功能用房的建筑平面组合方式。各个功能用房相对独立，由走廊将它们串联在一起。走廊式组合根据走廊与功能用房的位置关系划分为外廊式组合、内廊式组合、沿房间两侧布置走道三种情况。常见的建筑类型有教学楼、办公楼等（图3-14）。

### （2）套间式组合

套间式组合是指空间之间按照一定的序列关系连通起来的建筑平面组合形式，这种形式可以减少交通面积，平面布局更为紧凑，空间联系更为方便，但各个空间之间存在相互干扰的可能。常见的建筑类型有住宅、展览馆、车站等（图3-15）。

●图3-14　同济大学浙江学院图书馆　　　　●图3-15　赫尔辛基古根海姆美术馆设计大赛
　　　　　　　　　　　　　　　　　　　　　　　　　　获胜方案

### （3）大厅式组合

大厅式组合是指在建筑中设置用于人员集散的较大的空间，以大厅式的空间为中心，在其周围布置其他功能的用房，该空间使用人数多、尺度较大、层高较高。常见的建筑类型有火车站、影剧院、体育场馆等（图3-16）。

●图3-16　上海虹桥国家会展中心

**（4）混合式组合**

混合式组合在建筑平面设计中综合运用了以上2种或3种平面空间组合方式。这种建筑平面组合形式在大中型建筑平面设计中常见（图3-17）。

●图3-17　北京四中房山校区

04

# 建筑造型设计

建筑造型设计包括建筑的体形、立面以及细部处理，它贯穿于设计的全过程。造型设计是在内部空间以及功能合理的基础上，在技术条件的制约下处理基地情况与四周环境的协调。从整体到局部以及各细部，按一定的美学规律加以处理，以求得完美的艺术形象。

## 4.1　建筑造型的构思

建筑造型设计涉及的因素较多，是一项艰巨的创作任务。理想的设计方案是在对各种可能性的探索、比较中产生和发展起来的。

建筑形象的创作关键在于构思。成功的创作构思虽能成于一旦，但实则渊源于对建筑本质的精通、坚实的美学素养与广泛的生活实践。

### 4.1.1　反映建筑内部空间与个性特征的构思

不同类型的建筑会有不同的使用功能，而不同的建筑功能所组合的建筑内部空间也会不同，也正是这些不同的功能与空间奠定了建筑的个性，也可以说，一幢建筑物的性格特征很大程度上是功能的自然流露。因此，对于设计者来说，要采用那些与功能相适应的外形，并在此基础上进行适当的艺术处理，从而进一步强调建筑性格特征并有效地区别于其他建筑。

**案例**

**带有攀爬结构的城市休憩中心**

伦敦的城市休憩中心（图4-1）对于伦敦市民和游客都是一个惊喜。这里所有的设施不仅可以用来休闲娱乐，高大的柱子还能供人们攀爬健身，艺术家或爱好者则可以在柱子外立面随意发挥，二层平台可供跳水。别具一格的设计使该建筑在伦敦众多的建筑中独树一帜。

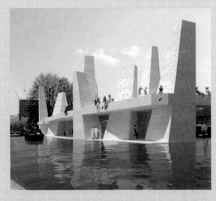

●图4-1　带有攀爬结构的城市休憩中心

## 4.1.2 反映建筑结构及施工技术特征的构思

　　各个建筑功能都需要有相应的结构方法来提供与其相适应的空间形式，如为获得单一、紧凑的空间组合形式，可采用梁板式结构，为适应灵活划分的多样空间，可采用框架结构，各种大跨度结构则能创造出各种巨大的室内空间，特别是一些大跨度和高层结构体系，往往具有一种特殊的"结构美"，如适当地展示出来，会形成独特的造型效果。因此，从结构形式和施工技术入手构思，也是目前非常普遍的建筑创作思路。

### 案例

### 纸板教堂

　　如图4-2所示，这是坂茂设计的新西兰纸板大教堂，建筑用可回收的纸板构成，每个纸板都封装着，可以容纳大约700人，同时也可以作为一个音乐会举办场所。设计师表示，"建筑的强度其实与材料的强度没有直接密切的关系。即使是混凝土建筑也可以很轻易地被地震所摧毁。但纸建筑却不一定在地震中受损害。"纸板大教堂成为当地最安全的建筑之一。

●图4-2　坂茂设计的新西兰纸板大教堂

### 4.1.3 反映不同地域与文脉特征的构思

　　世界上没有抽象的建筑，只有具体地区的建筑，建筑是有一定地域性的。受所在地区的地理气候条件、地形条件、自然条件以及地形地貌和城市已有的建筑地段环境的制约，建筑会表现出不同的特点，如南方建筑注重通风，轻盈空透，而北方建筑则显得厚重封闭。建筑的文脉则表现在地区的历史、人文环境之中，强调传统文化的延续性，即一个民族一个地区的人们长期生活形成的历史文化传统。

### 案例

## 深圳音乐厅

　　深圳音乐厅外墙采用"黄、红、青、白、黑"五色，象征中国传统的五行理念，充分融汇了东西方文化的韵味，优雅而独特（图4-3）。

● 图4-3　深圳音乐厅

### 4.1.4 基地环境与群体布局特征的构思

　　除功能外，地形条件及周围环境对建筑形式的影响也是一个不可忽视的重要因素。如果说功能是从内部来制约形式，那么，地形便是从外部来影响形式的。一幢建筑之所以设计成为某种形式，追根溯源，往往都和内、外两方面因素的共同影响有着密切的关系。因此，针对一些特殊的地形条件和基地环境，常成为建筑构思的切入点。

## 案例

### 中国美术学院民艺博物馆

图4-4所示为隈研吾设计的中国美术民艺博物馆。原来这里的地形是一个茶园，而茶园基本都在山坡上，因此隈研吾设计团队采用了"竹屋"一样的手法，没有消去茶山原有的"绿色"，而是根据山势的起伏，做了坡型建筑。这些项目的核心设计思想体现了人与自然融合一体的绿色设计理念。漂亮的口号也许说来简单，但要贯彻不仅不获利反而可能耗时耗力的初衷，实则不易。

●图4-4　中国美术学院民艺博物馆

### 4.1.5 反映一定象征与隐喻特征的构思

在建筑设计中，把人们熟悉的某种事物，或带有典型意义的事件作为原型，经过概括、提炼、抽象，成为建筑造型语言，使人联想并领悟到某种含义，以增强建筑感染力，这就是具有象征意义的构思。隐喻则是利用历史上成功的范例，或人们熟悉的某种形态，甚至历史典故，择取其某些局部、片段、部件等，重新加以处理，使之融于新建筑形式中，借以表达某种文化传统的脉络，使人产生视觉——心理上的联想。隐喻和象征都是建筑构思常用的手法。

**案例**

## 朗香教堂

如图4-5所示，建筑主体造型如同听觉器官，在像倾听神与自然的对话；黑色的钢筋混凝土屋顶如诺亚方舟；粗面、厚重的混凝土墙"光之壁"上布满大大小小多彩点窗，将各色光奇妙地引入室内；不同厚重的建筑形体之间刻意留出的缝隙，也使室内产生奇特的光影效果。这一切使建筑从内到外弥漫出一种浓厚而神秘的气氛，塑造了最奇特、最具雕塑力的建筑形式。

图4-5　朗香教堂

## 4.2　建筑造型的构图要点

建筑构思需要通过一定的构图形式才能反映出来，建筑构思与构图有着密切的联系，在建筑形象创作中应是相辅相成的，但在现实创作中并非如此简单，有时想法（构思）很好，但所表现出来的形象（构图）并不能令人满意。反之，有时许多建筑虽然大体上都符合一般的构图规律（如统一变化、对比、韵律、重点等），但并不能引起任何美感。这说明构思再好，还有个表现方法问题，途径的选择问题，建筑美学观的认识问题。运用同样的构图规律，在美的认识上、艺术的格调上、意境的处理上还有正谬、高低、雅俗之分，建筑形象的思想性与艺术性结合的奥秘就在于此。由此可见，建筑构图是研究建筑形式美的规律与方法。它应以建筑构思为基础，通过形式美的原则来研究建筑造型问题，但随着当今社会审美认识的不断演变和发展，构成学、格式塔心理学等一系列造型方法在建筑造型上的应用，新的造型方法还会不断涌现。故形式美的规律虽有自己一系列的研究范畴，但它不能代替建筑设计上和美学上的一切问题，因此建筑构图是建筑造型的基础，是建筑设计中的重要组成部分，同时也作为具有相对独立性的一门系统科学——建筑构图学。建筑构图包括平面构图、形体构图、立面构图、室内空间构图以及细部装饰构图等方面，并统一于整个建筑设计之中。虽然在处理不同类别的构图中，各有特点和侧重点，但构图的基本原理都是一致的，现择其要点述之。

## 4.2.1 统一与变化

● 图4-6　Skogfinsk博物馆建筑群

建筑物在客观上存在着统一和变化的因素，如一幢宿舍，其中许多寝室都是一些功能性质相同的房间，而其中盥洗室、卫生间则具有不同的性质；又如一幢教学楼，许多教室一般也是相同的，而其中办公室和辅助房间则具有不同的性质。对于相同的使用空间一般在层高、开间或门窗等其他装修方面常常采用统一的做法和处理方式，而对于不相同的使用空间则有不同的要求和处理方式。又如建筑中的楼梯平台常和一般房间相差半层，凡此种形式在立面上都会反映出统一或变化的形式来。此外为了利于工业化的生产，也要求建筑、结构的设计尽可能地采用统一的构件和统一做法，这些统一因素在外形上也必然会反映出来；另一方面，就整个建筑总体来说是由一些门窗、墙柱、屋顶、雨篷以及阳台、凹廊等各个不同部分组成的。这些不同的内容和形式在外形上也必然会反映出多样性和变化性，因此，如何处理好统一和变化之间的相互关系就成为建筑构图中的一个非常重要的问题。"多样统一""统一中有变化""变化中求统一"，都是为了取得整齐、简洁而又免于单调、呆板，丰富而不杂乱的完美的建筑形象（图4-6）。

统一和变化不仅是建筑构图的重要原则，而且是其他艺术处理的一般原则，因此具有广泛的普遍性和概括性，许多其他建筑构图原则都可以作为达到统一和变化的手段。例如建筑构图中的"对位"和"联系"常达到统一的手段，因为"对位"和"联系"一般是通过轴线关系反映出来的，没有对位，取得联系就较困难，没有一定的联系，也很难达到统一；反之，与"对位"和"联系"相对的概念，即"错位"和"分隔"常作为统一中取得变化的另一手段，如西班牙加泰罗尼亚的已故建筑师安立克·米拉耶斯（Enric Miralles）所设计的西班牙的苏格兰议会大厦，立面的透空隔板与木质实面隔板以及隔板上的装饰金属杆，各自都在上下左右形成"对位"与"错位"，取得统一中变化的效果（图4-7）。

●图4-7　西班牙的苏格兰议会大厦

## 4.2.2 对比

体形设计应考虑建筑的个性特点和平面空间组合时的各种因素，将建筑内外空间组合出不同的方向与形状差异，从而进行大与小、高与低、横与竖、曲与直等不同元素间的对比，以获得良好的统一与变化。

体形组合设计的对比与变化主要有以下几种。

（1）方向的对比

这是体形对比中最基本的手法，通常会有体形在前后、左右、横竖三个方向的对比与变化。

巴西利亚国会大厦（图4-8），这一经典之作的成功，关键在于建筑体形的有机组合，建筑主体与裙房，一竖一横，产生了极强烈的对比，同时又采用两半球体以一正一反的不同方向以及一直一曲的形状对比，从而获得极佳的统一与变化效果。

●图4-8　巴西利亚国会大厦

**（2）形状的对比**

在方向对比的基础上，设计者可根据建筑物的个性特点，运用体形在形状上的变化来产生相互间的对比或相似。这种形状，除了最简单的矩形，还有圆球形、椭圆形、不同的锥体以及不同的多边体等，谋求一种对比以及和谐统一的变化。

圣索菲亚大教堂（图4-9）主体为长方形，特别之处在于平面采用了希腊式十字架的造型，在空间上采用了巨型的圆顶，而且室内没有任何柱子支撑。

### 4.2.3 节奏与韵律

建筑艺术作为一种综合的艺术形式，与音乐、诗歌及舞蹈等其他艺术门类有很多相通之处。著名建筑学家梁思成先生在《建筑与建筑的艺术》一文中曾以北京广安门外的天宁寺塔

●图4-9 圣索菲亚大教堂

为例，分析了在建筑垂直方向上的节奏与韵律，他写道："……按照这个层次和它们高低不同的比例，我们大致可以看到（而不是听到）这样一段节奏。"

节奏与韵律是建筑形式美的重要组成部分，是人类在长期从事建筑实践活动中审美意识的积淀和升华。人类的建筑实践活动中，不仅使建筑中的节奏与韵律美得以产生，而且使之获得丰富的内涵和相对独立的审美价值及意义。节奏是建筑形式要素中有规律的、连续的重复，各要素之间保持恒定的距离与关系。韵律是指建筑形式要素在节奏基础之上的有秩序的变化，高低起伏，婉转悠扬，富于变化美与动态美。节奏是韵律的纯化，它充满了情感色彩，表现出一种韵味和情趣。只有节奏的重复而无韵律的变化，作品必然会单调乏味；单有韵律的变化而无节奏的重复，又会使作品显得松散而无零乱。建筑艺术当中的协调与变化离不开节奏与韵律因素的相互渗透和统一。

总之，虽然各种韵律所表现出的形式是多种多样的，但是他们之间却都有一个如何处理好重复与变化的关系问题。而建筑中的韵律形式大体可分为以下几种。

（1）连续的韵律
其构图手法系强调运用一种和几种组成要素，使之连续和重复出现所产生的韵律感。

**（2）渐变的韵律**

此种韵律构图的特点是：常将某些组成要素，如体量的大小、高低，色调的冷暖浓淡，质感的粗细轻重等，作有规律的增强与减弱，以造成统一和谐的韵律感。例如，我国古代塔身的体形变化，就是运用相似的每层檐部与墙身的重复与变化而形成的渐变韵律，使人感到既和谐统一又富于变化。

**（3）起伏的韵律**

该手法虽然也是将某些组成部分作有规律的增减变化所形成的韵律感，但是它与渐变的韵律有所不同，而是在体形处理中，更加强调某一因素的变化，使体形组合或细部处理高低错落，起伏生动。

**（4）交错的韵律**

运用各种造型因素，如体量的大小、空间的虚实、细部的疏密等作有规律的纵横交错与相互穿插的处理，形成一种丰富的韵律感。从上面的节奏和韵律变化中可以看到，建筑的韵律美一方面通过建筑的细部处理（如窗形、线角、柱式等装饰手法）来表现，另一方面往往是与结构形式的完美结合体现出来。建筑师在努力创造建筑韵律美的同时，更应着眼于正确表达力学概念与结构原理的合理性，充分发挥材料的性能与潜力，创造出能够直接显示结构的"自然力流"的形态，把结构形式与建筑空间、艺术造型高度结合在一起。古埃及、古希腊石梁柱结构的神庙，古罗马的拱券结构，哥特教堂的尖拱与飞券以及我国古代的木构与斗拱所表现出来富有变化的古典韵律依托于结构形式，在荷载合理传递的过程中美化结构构件，它们体现出来的建筑韵律美单从艺术角度上看是近乎完美的。通过各种现代科技手段使建筑韵律美及其他建筑形式美自然显露出来并具有美学意蕴，应该是当代建筑师不断探索、努力追求的方向。建筑作为人类居住环境的基本构成部分，直接影响着我们的城市面貌，节奏与韵律的变化不单单适用于建筑单体设计，也同样适用于城市环境设计。建筑学的发展在经过了追求"实用"、追求"艺术"以及追求"空间"等几个阶段之后，正向"环境"建筑学、"生态"建筑学的阶段发展。如何科学地、按规律地构筑城市和乡村并使之适应城市化、现代化的进程，使人类生存环境得到均衡的、可持续的发展是时代赋予设计师的神圣历史使命。

建筑的节奏与韵律之美需要我们不断发现、鉴赏和领悟，并利用这些自然规律去指导建筑创作，使建筑与城市真正成为生态的、有机的整体，成为大自然的组成部分。

### 隈研吾设计的"虹口SOHO"办公楼

整个建筑包裹在褶状铝网条带中，整体看起来像是编织的蕾丝或"柔软的女性服饰"。这些有机的极具雕塑感的板条沿着表面波动起伏，赋予这个环境一种动态的气氛。此外，根据一天时间和太阳位置的变化，"褶"产生了奇妙的光影效果。在内部办公空间贯穿墙和天花也延续着这种"褶"的主题。（图4-10）

●图4-10 "虹口SOHO"办公楼

## 4.2.4 比例与尺度

### 4.2.4.1 比例

比例，主要指建筑物整体与局部，局部与局部之间在度量（长、宽、高）上的制约关系。

立面设计时，常常会运用几何分析法来探索各要素之间的比例，以求得它们之间的对比、变化以及和谐统一。

如图4-11所示，A、B、C三个图形的长、宽比值相同（对角线相互平行或重合），形体相似，在立面设计中容易获得统一。

如图4-12所示，D、E两个长方形由于比值相同，因而对角线相互垂直，属相似比例。

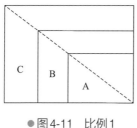

● 图4-11 比例1

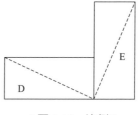

● 图4-12 比例2

如图4-13所示，F、G两个长方形一横一竖形成在方向感上的对比，但由于对角线相互垂直，它们仍保持着内在的相似性，从而也找到了一种对比的和谐。

不同比例的体形或图形，都会给人以不同的感受。如图4-14所示，三个不同比例的图形，A图形给人挺拔、向上的感觉，B图形给人敦实、厚重的感觉，C图形给人舒展、轻松的感觉。了解这些感受，以便很好地运用到建筑设计中去。

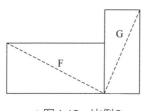

● 图4-13 比例3

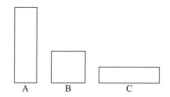

● 图4-14 三个不同比例的图形

## 4.2.4.2 尺度

尺度是指建筑物整体或局部与人或某一物体之间在量度关系上存在的一种制约关系，通俗地讲，就是某一建筑物或局部给人感觉上的大小印象与其真实大小之间的关系。

相同比例的建筑或局部，在尺度上是可以处理成不同效果的。

根据这一特性，设计师们针对建筑性格和体形大小等因素，通常会以自然、亲切和夸张三种不同尺度，来分别处理不同的建筑立面。

（1）自然尺度

自然尺度就是我们最常见的尺度，其建筑体量或门、窗、门厅和阳台等各构（部）件均按正常使用的标准大小而确定。大量性民用建筑中的住宅、中小学校、旅馆等建筑常运用自然尺度的处理形式（图4-15）。

●图4-15　上海虹桥花瓣楼

**（2）亲切尺度**

在自然尺度的基础上，在保证正常使用的前提下，将某些建筑的体量或各构（部）件的尺寸特意缩小一些，以体现一种小巧和亲切的感觉。中国古典园林，特别是江南园林建筑，常运用这一手法，以强调江南私家园林建筑固有的小巧、玲珑和秀气的特质（图4-16）。

●图4-16　中国江南古典园林

（3）夸张尺度

与亲切尺度相反，夸张尺度将建筑整体体量或局部的部件尺寸有意识地放大，以追求一种高大、宏伟的感觉。

夸张尺度主要运用于国家、地方级政府办公大楼，作为权利象征的公安、法庭建筑，作为国民财力象征的金融银行建筑以及一些规模较大的车站、交通建筑等（图4-17）。

●图4-17　未来主义风格的格拉茨现代美术馆

## 4.2.5　联系和分隔

联系和分隔也是取得统一和变化的重要手段。在建筑整体和局部之间，局部和局部之间，这一部分构件和那一部分构件之间，为了取得彼此协调、统一、相互呼应，从而形成一个完整的、不可分割的统一整体，常常需要采取一定的联系处理手法。通常有以下两种方法。

① 通过第三者作为联系的手段，如体积之间的联系常通过"过渡体"的连接形成统一的整体。也有许多建筑利用廊子把不同大小、分散的体积联系成一个完整的整体，许多沿街的底层商店常常起到联系居住建筑群的作用。在立面处理上常利用水平或垂直构件，如遮阳板、窗台线或其他装饰杆件或脚线，使立面上各部分取得联系，并强调水平或垂直方向的效果

（图4-18）。

②通过建筑某部分或某构件自身在色彩、造型、材料或构造做法等方面的某些相同处理，使彼此产生共同点，从而达到相互呼应、协调、联系的作用。如果把第一种联系方式称为外在联系，那么，这种联系方式可称为内在联系。内在联系就不需通过第三者为联系的手段，正是由于这类联系性，统一性才具有韵律的可能。外在联系常常要求构件之间取得一定的对位，而内在联系则和对位无关（图4-19）。

和联系的概念相反就是分离、分隔，使彼此脱离关系，避免在各部分之间产生混乱现象而影响建筑的完整性，通过分隔也常常获得对比效果，从而使统一中有变化。

●图4-18　法国Arbre Blanc住宅

悉尼市民创新中心（图4-20）是隈研吾在澳大利亚的首个建筑项目，包括购物大厅、图书馆、儿童护理中心及创业额外功能等空间，这是一座尽可能开放，可达、可识别的建筑。

●图4-19　马斯达尔科技学院建筑

●图4-20　悉尼市民创新中心

限研吾表示，"我们的目标是建造一座尽可能对社区开放的建筑，这也将反映在建筑的圆形几何形态上，这是一个从多方向而言都是可达、可识别的建筑。""建筑外观使用了以动态方式排布的木质幕墙，让人联想到达令港曾作为繁忙商务活动节点和市场交易枢纽的历史。"

### 4.2.6 均衡与稳定

这里所讲的均衡与稳定主要侧重于审美意识中形象思维的概念，然而，这一概念也源自自然界逻辑思维中的力学概念。

均衡与稳定，首先必须保证有一个良好的均衡。具有重量感的建筑体一旦失去均衡，稳定就无法保证，在审美视觉上也会给人不快的感觉。

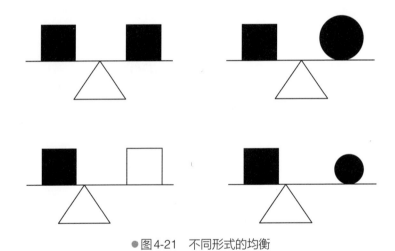

●图4-21　不同形式的均衡

一提到均衡，就会使人联想到力学杠杆作用下的平衡，如图4-21所示。但是，建筑造型中的均衡必须从体形的前后左右等各向度综合考虑。

① 支点位于中点，左右两侧同形等量，可形成绝对对称的均衡。
② 支点位于中点，左右两侧等量而不同形，可形成基本对称的均衡。
③ 左右两侧同形而不等量，支点略偏于一侧，形成基本不对称的均衡。
④ 左右两侧既不同形也不等量，支点偏于一侧，形成绝对不对称的均衡。

这种均衡的中心，往往也是人们的视线焦点，因此，建筑物的均衡中心位置必须进行重点处理。以均衡与稳定求得统一，通常会有以下几种方式。

### 4.2.6.1　以对称的均衡与稳定求得统一

以对称求得均衡与稳定，在中外古典建筑中运用得很多。中轴线与两侧保持着严格的制约关系，因而能达到统一和稳定的效果。

如图4-22所示，俄罗斯的伊萨基辅大教堂，因严格的中轴对称形式求得了均衡，又运用主从分明、上小下大等手法，显示出了庄严雄伟的气氛，从而获得了绝对的统一与稳定。

在现代建筑中，也时常会运用这一手法，给人以大气、庄重、稳定的感觉。

●图4-22　俄罗斯的伊萨基辅大教堂

大学图书馆的体量都会很大，但台湾大学图书馆却以多层小体量逐层退缩和凹凸的做法进行体量组合，这样，一方面加强了建筑的亲和力，另一方面，增加了建筑的层次感。设计者同时采用了对称的均衡，创造出了一种小体量、多层次和对称的敦实感与稳定感，从而传达出了"知识殿堂"的意象，达到了较好的对称统一（图4-23）。

●图4-23　台湾大学图书馆

#### 4.2.6.2 以不对称的均衡求得统一与稳定

对称的形式确实比较容易产生稳定感，但是，由于现代建筑多功能的使用要求以及地形的复杂性，其平面形式也更加灵活多样，于是就出现了很多非对称式的均衡。这种形式的均衡同样能体现出各组成部分之间在重量感上的相互制约关系，从而达到统一与稳定的效果（图4-24）。

●图4-24 蓝玻璃大厦

#### 4.2.6.3 以新技术带来新的均衡求得统一与稳定

随着新型建筑材料与技术的发展，人们的审美意识也发生了相应的变化，很大程度上摆脱了传统意义上的上小下大的审美观，一种上大下小、上实下虚的新的稳定感得到了发展。

美国密尔沃基美术馆的设计充分发挥了钢筋混凝土材料的特性和先进的技术，有机地将巨大的双翼般的会转动的遮阳百叶设置于建筑顶部，有效地遮挡了太阳的直射，既保证了展品的最佳展出效果，又展示出了上大下小的稳定感（图4-25）。

●图4-25 美国密尔沃基美术馆

## 4.3 建筑立面设计

#### 4.3.1 立面设计的空间性和整体性

建筑艺术是一种空间艺术，是立面设计师在符合功能使用和结构构造等要求的基础上对建筑空间造型的进一步美化。反映在立面的各种建筑物部件上，诸如门窗、墙柱、雨棚、檐口、屋顶、凹廊、阳台等是立面设计的主要依据和凭借因素。这些不同部件在立面上所反映的几何形线、它们之间的比例关系、进退凹凸关系、虚实明暗关系、光影变化关系以及不同材料的色泽、质感关系等是立面设计的主要研究对象。一般在建筑物立面造型设计中包括正面、背面和两个侧面，这是为了满足施工需要按正投影方法绘制的。但是实际上我们所看到的建筑物都是透视效果，因此除了在建筑物立面图上对造型进行仔细推敲外，还必须对实际的透视效果或模型加以研究和分析。例如各个立面在图纸上经常是分开绘制的，但透视上经常同时看到的是两个面或三个面。又如雨棚、阳台底部在立面图上反映为一根线，而实际透视上经常可以看到雨棚或阳台的底面。而山地建筑，由于地形高差，提供的视角范围更是多种多样。在居高临下的偏视情况下，屋顶或屋面的艺术造型就显得十分重要。

由于透视的遮挡效果和不同视点位置和视角关系，透视和立面上所表现的也有很大出入。因此，由于建筑艺术的空间性，要求在立面设计时，从空间概念和整体观念出发来考虑实际的透视效果。并且应根据建筑物所处的位置、环境等方面的不同，把人们最经常看到的建筑物的视角范围，作为立面设计的重点，按照实际存在的视点位置和视角来考虑建筑物各部位的立面处理。

建筑物不同方向相邻立面关系的处理是立面设计中的一个比较重要的问题，如果不注意相邻立面的关系，即使各个立面单独看来可能较好，但联系起来看就不一定好。这在实践中是不少见的。对相邻面的处理方法一般常用统一或对比、联系或分隔的处理手法。采用转角窗、转角阳台、转角遮阳板等就是使各个面取得联系的一种常用的方法，以便获得完整统一的效果。有时甚至可以把许多方面联系起来处理以达到完整、统一、简洁的造型艺术效果。分隔的方法比较简单，两个面在转角处作完善清晰的结束交代即可，并常以对比方法重点突出主立面。

## 案例

### 东京垂直住宅

如图4-26所示，西泽立卫设计的这座私人住宅涉及与城市文脉相反的领域。首先，这座住宅位于城市中一块狭窄的用地上，在选址上回应了西泽立卫的"业务合作伙伴"客户想要生活在城市中心的愿望。这里靠近他们办公以及管理全球业务的地点。

●图4-26　东京垂直住宅

建筑位于两座高层建筑之间，消失在主路上，狭窄的"西则住宅"虽然临街，却特别注重私密性与公共性的处理，通过临街立面大量植物的种植摆放起到既隔绝视线又不完全封闭的效果。从街上看去很容易让人误以为是一座神秘的垂直花园。

"西则住宅"没有真正意义上的立面造型，看上去只有从下而上了几层梁板柱和主人摆放的植物而已。起居室和厨房位于建筑首层，上层作为主卧室与浴室，再向上是次卧室，最终上到屋顶露台，这里有间小屋子，可作为会客室或储物间。建筑没有内部的隔墙去限定各房间，只有通高的大大落地窗与窗帘将室内外空间进行悄悄地分离。

## 4.3.2　立面虚实与凹凸关系的处理

运用虚实与凹凸关系是对比手法中最常用的一种。在立面设计中，"虚"是指墙体中空虚的部分，主要由玻璃、门窗洞口、廊架以及凹凸墙体在阳光作用下的阴影部分所形成，它能给人不同程度的空透、开敞、轻盈的感觉。"实"是指墙体中实体的部分，主要由墙体、柱子、阳台、栏板以及凸出墙面的其他实体所组成，它给人不同程度的封闭、厚重、坚实的感觉。

因此，立面设计中，必须巧妙地利用建筑物的功能特点，把上述要素有机地组合在一起，把握好虚与实、凹与凸的对比与变化，从而得到和谐的统一。

虚实结合，相互对比，成为建筑立面设计中运用最为广泛的手法之一。

## 案例
### 西班牙索菲亚王后大剧院

索菲亚王后大剧院整个外表采用半封闭半开放的手法，有机地组合出不同的凹凸变化，在光影的作用下虚中有实，实中有虚，雕塑感十足（图4-27）。

●图4-27　西班牙索菲亚王后大剧院

### 4.3.3 立面线条的处理

在虚、实、凹、凸面上的交界，面的转折，不同色彩、材料的交接，在立面上自然地反映出许多线条来。对庞大的建筑物来说，线条一般还泛指某些空间实体，如窗台线、雨篷线、阳台线、柱子等。而对于尺度较小的面，如小窗洞、挑出的梁头等，在立面上相对说来也不过是一个点而已。因此在某种意义上讲，整个建筑立面也就是这些具有空间实体的点、线、面的组合，而其中对线条的处理，诸如线条的粗、细、长、短、横、竖、曲、直、阴、阳，以及起、止、断、续、疏、密、刚、柔等对建筑性格的表达、韵律的组织、比例的权衡、联系和分隔的处理等均具有格外重要的影响。

粗犷有力的线条，使建筑显得庄重、豪放，而纤细的线条使建筑显得轻巧秀丽。还有不少建筑采用粗细线条结合的手法使立面富有变化，生动活泼；强调垂直线条给人以严肃、庄重的感觉，强调水平线条给人以轻快的感觉，由水平线条组成均匀的网格，富有图案感；在以垂直、水平线条中穿插着折线处理，使整个建筑更富有变化；曲线给人以柔和、流畅、轻快、活跃、生动的感受，这在许多薄壳结构中得到广泛应用；由连续重复线条组成的韵律在一般建筑中都有反映。由此可见，线条在反映建筑性格方面具有非常重要的作用。

线条同时又是划分良好比例的重要手段。建筑立面上各部分的比例主要通过线条的联系和分隔反映出来。良好的比例是建筑美观的重要因素，但由于功能使用方面等原因，往往层高有高有低，窗子有大有小，如果不加适当处理，就可能产生立面零乱的效果。此外有许多建筑通过墙面上粉刷分割线的精心组织、改变各部分的细部比例，以达到良好的造型效果。

## 案例

## Hannam-Dong HANDS 公司的总部办公大楼

如图 4-28 所示，Hannam-Dong HANDS 公司的总部办公大楼，外立面看似混乱的波浪面，实际上相同颜色的面具有着相同的曲率，提升了空间的趣味性。

●图 4-28　Hannam-Dong HANDS公司的总部办公大楼

### 4.3.4 立面色彩和质感的处理

建筑立面设计时，外墙饰面材料的选择是极为重要的。从美学角度来讲，色彩与质感的选择将直接影响到建筑外观整体效果的好坏。可以说，大面积的外墙色彩在选择时，一般都以淡雅的色调为多。在此基色上，再适当选择一些与其相协调或对比的色彩进行有机组合，从而获得良好的效果，因为材料的色彩与质感，会给人们在视觉的冲击和联想方面起到非常大的作用。

还有，对于某些建筑物，从规划角度来讲，它必须与四周的环境相协调，或者要反映出不同民族和地区的个性特点等。除了在体形设计时要有充分考虑外，在色彩与质感的选择上也必须给予重点考虑。

### 案例

## 巴黎彩虹幼儿园

巴黎彩虹幼儿园（图4-29）无论是建筑外观还是室内，都遍布了大胆而又欢快的用色，简洁明快并充满设计感的线条为幼儿园注入了活跃的气氛。

●图4-29 巴黎彩虹幼儿园

## 4.3.5 立面重点处理

　　建筑的重点处理应有明确的目的。例如一般建筑物的主要出入口，在使用上需加强人们的注意，且在观瞻上首当其冲，而常作重点处理。其次，如车站的钟塔、商店的橱窗等，除了在功能上需要引人注意外，还要作为该类建筑的性格特征或主要标志而加以特别强调。重点处理有利于反映建筑特点。某些建筑由许多不同大小的空间所组成，在功能上、体量上客观地存在明显的主次之分，因此在建筑的设计和构图时，为了使建筑形式真实地表达内容，突出其中的主要部分，加强建筑形象的表现力，也很自然地反映出重点来。另外，为了使建筑统一中有变化，避免单调以达到一定的美观要求，也常在建筑物的某些部位，如住宅的阳台、凹廊，公共建筑中的柱头、檐部、主要入口大门等处加以重点装饰。重点处理主要通过各种对比手法而取得，以充分引起人们的注意。

### 案例

## Cocoon House

　　越南"Cocoon House"的外立面安装了带有装饰图案的白色混凝土砖，装饰之余使足够的阳光通过并进入室内（图4-30）。

●图4-30　Cocoon House

## 4.3.6 立面局部细节的处理

　　局部和细部都是建筑整体中不可分割的组成部分，例如建筑入口的局部一般包括踏步、雨篷、大门、花台，等等，而其中每一部分又包括许多细部的做法。建筑造型应首先从大处着眼，但并不意味着可以忽视局部和细部的处理，诸如墙面、柱子、门窗、檐口、雨篷、遮阳、阳台、凹廊以及其他装饰线条等，在比例、形式、色彩上有值得仔细推敲的地方。例如墙面可以有许多种不同材料、饰面、做法；柱子也可以采取不同的断面形式；门、窗在窗框、窗扇等划分设计方面的形式和种类也甚繁多；阳台有不同的形式、不同的扶手、栏杆、拦板等处理方式。凡此种种都应在整体要求的前提下，精心设计，才能使整体、局部和细部达到完整统一的效果。在某种情况下，有些细部的处理甚至会影响全局的效果（图4-31）。

● 图4-31　扎哈·哈迪德在墨尔本首个摩天大楼项目

# 05

# 建筑材料的发展
# 应用与新技术

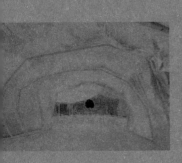

当代科学技术进步和社会生产力的高速发展，加速了人类文明的进程，与此同时，人类社会也面临着一系列重大环境与发展问题的严重挑战。人口剧增、资源过度消耗、气候变异、环境污染和生态破坏等问题威胁着人类的生存和发展。随着科技的发展，人类无论对物质和精神都有了更高层的追求，人们不满足传统的居住环境，而且对居住环境的要求越来越高，这使得人们对与居住环境相关的建筑物的结构、材料等都有了新的认识。本章从建筑材料的角度来阐述材料的应用及其在绿色设计上的创新设计。

# 5.1 绿色建筑设计的内涵

## 5.1.1 绿色建筑的定义

绿色建筑是指在建筑物的全生命周期中，最小限度地占有和消耗地球资源，用量最小且效率最高地使用能源，最少产生废弃物并最少排放有害环境物质，成为与自然和谐共生、有利于生态系统与人居系统共同安全、健康且满足人类功能需求、心理需求、生理需求及舒适度需求的宜居的可持续建筑物。

① 绿色建筑既是一个物质的构筑，更是一个具有生命意义的生命体。国内外实践证明，绿色建筑不但具有生命属性，也具有生命能量，更具有生命的文化特征。全寿命周期的建筑所赋予的生命内涵，不但具有生命体征，也具有生命所必需的生命系统功能；不但具有生命运行规律，也具有生命的个性、共性；不但具有生命特征的传承，也具有生命存在与发展的独立特点；不但具有生命与环境及其他建筑的系统关系、逻辑关系，也具有相互依存、相互作用的共生价值。因此，探索绿色建筑不仅要从技术层面上进行，还要从社会层面上进行分析思考与科学研究。

② 绿色建筑存在于生态系统中，是人类重要的社会行为活动和生存需求的依附载体，本身就具有明确的人类行为属性、意志属性和人文属性。其构建的方式方法也是人类智慧集成的技术和科学能力的表达与应用。

城市生态系统因高能耗的城市运行、环境的人为污染与无规律建设，使其自然生态系统与社会生态系统遭受到难以弥合的割裂、破碎和损害。绿色建筑在城市中不是孤立存在的，作为构成城市生态系统的重要部分，应当视为城市生态的核心组成部分。因此，绿色建筑不能孤立于城市生态系统而独立规划、设计与运行。

③ 绿色建筑是人类智慧、人类责任和人类理想的科学结晶，是人类对地球资源的保护与合理、高效利用的科学进步与技术能力的体现。绿色建筑是一种生活方式，也是一种进步的理念，它不是某一类型的建筑，而是涵盖了所有类型的建筑。

④ 绿色建筑体系的建立是落实中国政府关于建立可持续发展观的重要实践，是人类在时间与空间上对赢得生存与生活质量而不懈进行科学探索、艰苦实践努力的重要标志，也是保障人类社会能够可持续发展的重要依据。

## 5.1.2 绿色建筑的基本要素

在我国《绿色建筑技术导则》中指出：绿色建筑指标体系由节地与室外环境、节能与能源利用、节水与水资源利用、节材与材料资源、室内环境质量和运营管理六类指标组成。这六类指标涵盖了绿色建筑的基本要素，包含了建筑物全寿命周期内的规划设计、施工、运营管理及回收各阶段的评定指标的子系统。

根据我国具体的情况和绿色建筑的本质内涵，绿色建筑的基本要素包括耐久适用、节约环保、健康舒适、安全可靠、自然和谐、低耗高效、绿色文明、科技先导等方面。

### 5.1.2.1 耐久适用

任何绿色建筑都是消耗较大的资源修建而成的，必须具有一定的使用年限和使用功能，因此耐久适用性是对绿色建筑最基本的要求之一。耐久性是指在正常运行维护和不需要进行大修的条件下，绿色建筑物的使用寿命满足一定的设计使用年限要求，在使用过程中不发生严重的风化、老化、衰减、失真、腐蚀和锈蚀等。

适用性是指在正常使用的条件下，绿色建筑物的使用功能和工作性能满足于建造时的设计年限的使用要求，在使用过程中不发生影响正常使用的过大变形、过大振幅、过大裂缝、过大衰变、过大失真、过大腐蚀和过大锈蚀等；同时也适合于在一定条件下的改造使用要求。

### 5.1.2.2 节约环保

在数千年文明发展史中，人类最大化地利用地球资源，却常常忽略科学、合理地利用资源。特别是近百年来，工业化快速发展，人类涉足的疆域迅速扩张，上天、入地、下海的梦想实现的同时，资源过度消耗和环境遭受破坏。油荒、电荒、气荒、粮荒，世界经济发展陷入资源匮乏的窘境；海洋污染、大气污染、土壤污染、水污染、环境污染，破坏了人类引以为荣的发展成果；极端气候事件不断发生，地质灾害高发频发，威胁着人类的生命财产安全。

111

珍惜地球资源，转变发展方式，已经成为地球人面对的共同命题。

在我国现行标准《绿色建筑评价标准》中，把"四节一环保"作为绿色建筑评价的标准，即把节能、节地、节水、节材和保护环境作为绿色建筑的基本特征之一，这是一个全方位、全过程的节约环保概念，也是人、建筑与环境生态共存的基本要求。

除了物质资源方面有形的节约外，还有时空资源等方面所体现的无形节约。如绿色建筑要求建筑物的场地交通要做到组织合理，选址和建筑物出入口的设置方便人们充分利用公共交通网络，到达公共交通站点的步行距离较短等。这不单是一种人性化的设计问题，也是一个时空资源节约的设计问题。这就要求绿色建筑物的设计者，在设计中要全方位全过程地进行综合整体考虑。如良好的室内空气环境条件，可以减少10% ~ 15%的得病率，并使人的精神状况和工作心情得到改善，工作效率大幅度提高，这也是另一种节约的意义。

如图5-1和图5-2所示，这是一个城市实验建筑，所用到的60%的建筑材料都是可回收的废弃材料。

●图5-1　用回收材料建造的展馆（一）　　　　●图5-2　用回收材料建造的展馆（二）

### 5.1.2.3　健康舒适

健康舒适建筑的核心是人、环境和建筑物。健康舒适建筑的目标是全面提高人居环境品质，满足居住环境的健康性、自然性、环保性、亲和性和舒适性，保障人民健康，实现人文、社会和环境效益的统一。健康舒适建筑的目的是一切从居住者出发，满足居住者生理、心理和社会等多层次的需求，使居住者生活在舒适、卫生、安全和文明的居住环境中。

健康舒适是随着人类社会的进步和人们对生活品质的不断追求而逐渐为人们所重视的，这也是绿色建筑的另一基本特征，其核心主要是体现"以人为本"。目的是在有限的空间里为居住者提供健康舒适的活动环境，全面提高人居生活和工作环境品质，满足人们生理、心理、健康和卫生等方面的多种需求，这是一个综合的整体的系统概念。健康舒适住宅是一个系统工程，涉及人们生活中的方方面面。它既不是简单的高投入，更不是表面上的美观、漂亮，而是要处处从使用者的需要出发，从生活出发，真正做到以人为本。

### 5.1.2.4 安全可靠

安全可靠是绿色建筑的另一基本特征，也是人们对作为生活、工作、活动场所的建筑物的最基本的要求之一。因此，对于建筑物有人也认为人类建造建筑物的目的就在于寻求生存与发展的"庇护"，这也充分反映了人们对建筑物建造者的人性与爱心和责任感与使命感的内心诉求。

安全可靠的实质是崇尚生命与健康。安全可靠是指绿色建筑在正常设计、正常施工、正常使用和正常维护的条件下，能够经受各种可能出现的作用和环境条件，并对有可能发生的偶然作用和环境异变，仍能保持必需的整体稳定性和规定的工作性能，不至于发生连续性的倒塌和整体失效。对绿色建筑安全可靠的要求，必须贯穿于建筑生命的全过程中，不仅在设计中要全面考虑建筑物的安全可靠，而且还要将其有关注意事项向相关人员予以事先说明和告知，使建筑在其生命周期内具有良好的安全可靠性及保障措施。

绿色建筑的安全可靠性不仅是对建筑结构本体的要求，而且也是对绿色建筑作为一个多元绿色化物性载体的综合、整体和系统性的要求，同时还包括对建筑设施设备及其环境等安全可靠性要求，如消防、安防、人防、管道、水电和卫生等方面的安全可靠。

如图5-3所示，这个巨大的充气结构建筑物，是为附近的家庭和孩子举行社区活动提供免费的场地而

●图5-3 伦敦公园巨型充气建筑

建造的。

它所用的薄膜可以对风和压力自动适应，十分安全。

### 5.1.2.5　自然和谐

人类为了更好地生存和发展，总是要不断地否定自然界的自然状态，并改变它；而自然界又竭力地否定人，力求恢复到自然状态。人与自然之间这种否定与反否定、改变与反改变的关系，实际上就是作用与反作用的关系，如果对这两种"作用"的关系处理得不好，特别是自然对人的反作用在很大程度上存在自发性，这种自发性极易造成人与自然之间失衡。

由于人类改造自然的社会实践活动的作用具有双重性，既有积极的一面，又有消极的一面，如果人类能够正确地认识到自然规律，恰当地把握住人类与自然的关系，就能不断地取得改造自然的成果，增强人类对自然的适应能力，提高人类认识自然和改造自然的能力；如果在对自然界更深层次的本质联系尚未认识到，人类与自然一定层次上的某种联系尚未把握住的情况下，改造自然，其结果要么自然内部的平衡被破坏，要么人类社会的平衡被破坏，要么人与自然的关系被破坏，因而受自然的报复也就在所难免。

自然和谐是绿色建筑的又一本质特征。这一本质特征实际上就是我国传统的"天人合一"的唯物辩证法思想，是美学特征在建筑领域里的反映。"天人合一"是中国古代的一种政治哲学思想。最早起源于春秋战国时期，经过董仲舒等学者的阐述，由宋明理学总结并明确提出。其基本思想是人类的政治、伦理等社会现象是自然的直接反映。《中华思想大辞典》中指出："主张天人合一，强调天与人的和谐一致是中国古代哲学的主要基调。"

"天人合一"构成了世界万物和人类社会中最根本、最核心、最本质的矛盾的对立统一体。季羡林先生对其解释为：天，就是大自然；人，就是人类；合，就是互相理解，结成友谊。实质上，天代表着自然物质环境，人代表着认识与改造自然物质环境的思想和行为主体，合是矛盾的联系、运动变化和发展，是矛盾相互依存的根本属性。人与自然的关系是一种辩证和谐的对立统一关系，以天与人作为宇宙万物矛盾运动的代表，最透彻地表现了宇宙的原貌和历史的变迁。人类为了可持续发展，就必须使人类的各种活动，包括建筑活动的结果和产物，与自然和谐共生。绿色建筑就是要求人类的建筑活动要顺应自然规律，做到人及建筑与自然和谐共生。

自然和谐同时也是美学的基本特性。只有自然和谐，才有真正的美可言；真正的美就是自然，美就是和谐。共同的理想信念是维系和谐社会的精神纽带，共同的文化精神是促进社会和谐发展的内在动力，而共同的审美理想是营造艺术生态和谐环境的思想灵魂。

如图5-4所示，伦敦蛇形画廊，为了达到建筑和自然和谐共处的局面，设计师采用既能不破坏自然的原始风光又舒适自在的建筑材料，并对结构、光线、形式、变式、色彩、敏感度和材料透明度这些基本元素根据设计的需要重新排列组合，形成了一条七彩缤纷的糖果色秘密通道。

● 图5-4　伦敦蛇形画廊

### 5.1.2.6　低耗高效

低耗高效是绿色建筑最基本的特征之一，这是体现绿色建筑全方位、全过程的低耗高效概念，是从两个不同的方面来满足两型社会（资源节约型和环境友好型）建设的基本要求。资源节约型社会是指全社会都采取有利于资源节约的生产、生活、消费方式，强调节能、节水、节地、节材等，在生产、流通、消费领域采取综合性措施提高资源利用效率，以最小的资源消耗获得最大的经济效益和社会效益，以实现社会的可持续发展，最终实现科学发展。环境友好型社会是指全社会都采取有利于环境保护的生产方式、生活方式和消费方式，侧重强调防治环境污染和生态破坏，以环境承载力为基础、以遵循自然规律为准则、以绿色科技为动力，倡导环境文化和生态文明，构建经济、社会、环境协调发展的社会体系，实现经济社会可持续发展。建设生态文明，实质上就是要建设以资源环境承载力为基础、以自然规律为准则、以可持续发展为目标的资源节约型、环境友好型社会。

绿色建筑要求建筑物在设计理念、技术应用和运行管理等环节上，对于低耗高效予以充分的体现和反映，因地制宜和实事求是地使建筑物在采暖、空调、通风、采光、照明、太阳能、用水、用电、用气等方面，在降低需求的同时，高效地利用所需的资源。

### 5.1.2.7　绿色文明

绿色文明就是能够持续满足人们幸福感的文明。绿色文明是一种新型的社会文明，是人类可持续发展必然选择的文明形态，也是一种人文精神，体现着时代精神与文化。它既反对人类中心主义，又反对自然中心主义，而是以人类社会与自然界相互作用，保持动态平衡为中心，强调人与自然的整体、和谐地双赢式发展。

绿色文明主要包括绿色经济、绿色文化、绿色政治三个方面的内容。绿色经济是绿色文明的基础，绿色文化是绿色文明的制高点，绿色政治是绿色文明的保障。绿色经济核心是发展绿色生产力，创造绿色GDP，重点是节能减排，环境保护、资源的可持续利用。绿色文化核心是让全民养成绿色的生活方式与工作方式，绿色文明需要绿色公民来创造，只有绝大部分地球人都成为绿色公民，绿色文明才可能成为不朽的文明。绿色政治就是能够为人民谋幸福和社会持续稳定的政治，可以避免暴力冲突的政治。

如果我们把农业文明称为"黄色文明"，把工业文明称为"黑色文明"，那么生态文明就是"绿色文明"。生态是指生物之间及生物学环境之间的相互关系与存在状态，亦即自然生态。自然生态有着自在自为、新陈代谢、发展消亡和恢复再造的发展规律。人类社会认识和掌握了这些规律，把自然生态纳入人类可以适应和改造的范围之内，这就形成了人类文明。生态文明就是人类遵循人、社会与自然和谐这一客观规律而取得的物质与精神成果的总和，是指以人与自然、人与人、人与社会和谐共生，以及良性循环、全面发展、持续繁荣为基本宗旨的文化伦理形态。

绿色文明的发展目标是自然生态环境平衡、人类生态环境平衡、人类与自然生态环境综合平衡、可持续的财富积累和可持续的幸福生活，而不是以破坏自然生态环境和人类生态环境为代价的物欲横流。由此可见，绿色文明必然是绿色建筑的基本特征之一。

Agroecologist Amlankusum和巴黎的建筑师Vincent Callebaut共同创建了印度首都新德里体育城（NCR）的Hyperions生态社区（图5-5）。项目的宗旨是结合低科技和高科技能源分散化和食品工业化的"客观因素"创建一个能够综合城市复性、小规模农业、环境保护和生物多样性的文化中心。

## 5.1.2.8　科技先导

国内外城市发展的实践充分证明，现代化的绿色建筑是新技术、新工艺和新材料的综合体，是高新建筑科学技术的结晶。因此，科技先导是绿色建筑的又一基本特征，也是一个体现绿色建筑全面、全方位和全过程的概念。

绿色建筑是建筑节能、建筑环保、建筑智能化和绿色建材等一系列高新技术因地制宜、实事求是和经济合理的综合整体化集成，绝不是所谓的高新科技的简单堆砌和概念炒作。科技先导强调的是要将人类成功的科技成果恰到好处地应用于绿色建筑，也就是追求各种科学技术成果在最大限度地发挥自身优势的同时，使绿色建筑系统作为一个综合有机整体的运行效率和效果最优化。

我们对绿色建筑进行设计和评价时，不仅要看它运用了多少先进的科技成果，而且还要看它对科技成果的综合应用程度和整体效果。

在阿联酋有一栋跟变色龙很像的建筑，采用仿生学原理，通过调节外立面相应结构而改变光的折射，以调节室内的光强和温度，见图5-6。

●图5-5　印度Hyperions生态社区

●图5-6　阿联酋变色龙建筑

## 5.2　木材

### 5.2.1　简介

在有文字记载之前，木材就已经被用于建造房屋了，并且是最为人们熟悉和青睐的材料之一。因为在被砍伐之前，木材是一种生物，它的组织与人类皮肤的细胞结构类似，因此它能传递一种触觉上的温暖感。木材坚硬、质轻、温暖并且触感好，但和任何自然材料一样，容易受到侵蚀。同时它有助于创造和毁灭：可以用于建造房屋，也可以作为燃料。据建筑师路易斯·费尔南德斯·加利亚诺所说："原始棚屋和原始的火是分不开的。"

石头和木材与最初的居所形式有关。石头代表着被发现的地方（山洞），木材意味着被建造的地方。建筑师保罗·波尔托盖西（Paolo Portoghesi）说："在中国古代，表示'树'和'房'的字符非常像，以至于很容易弄混。树就是原始人的家，被砍下来的树干就是庄严的柱子的原型。"实际上，石柱及其叶形装饰就是抽象的树的形象，新石器时代结构就是由此而来的——设计的树林或者原始森林的建筑学变体。

木材是一种高强度比的异向性材料，异向性意味着在不同方向有着不同的特性。它还具有吸湿性，可以从环境中吸收或吸附水分子。木材热导率低，一棵树就是一个碳存储库，它在整

117

个生命周期中将二氧化碳转化为氧气，将碳存储起来。

30000多个树种在特征上展现了非常可观的多样性，其中常用于工业的有500多种。木材可分为软木和硬木。软木来源于常绿乔木，结构相对简单；硬木来源于落叶阔叶树，它的形成较为复杂。在建筑中，软木一般用于结构框架和面板，而硬木一般用于木制品和饰面。

## 5.2.2 发展及应用创新

工业革命导致高度工程化的建筑构件的大规模生产，包括为特定功能而改造的木材。这种发展不仅促进了小型建筑（如单个家庭住宅）的快速建造，还催生了一种更关注成本而不是创新的产业。因此著名的现代木建筑作品都十分明确地要发掘该种材料的独特优点——如温暖、轻盈和雕塑般的流动感。这些优点是传统木建筑形式所没有体现出来的。

阿尔瓦·阿尔托人性化的审美观念强调木材固有的温暖和触感，以及它在弯曲胶合板家具中实现的可塑性的优点——目标是"给生命一个温和的建筑"。他设计的纽约世博会芬兰馆（图5-7）就很好地体现了木材的温暖和触感。当游客进入这个简单直线型的建筑后，就会看到近16m高的蛇形墙，这座竖直木条组成的墙上间隔悬挂着芬兰工业生产的照片。巨大的波浪状表面向外倾斜、引人注目，似乎在强调芬兰原生林的庄严和不稳定。

费·琼斯设计的索恩克朗教堂（图5-8）展示了木材的宏伟和精美。它是一个从卵石地基上跃升起来的由标准木

●图5-7　纽约世博会芬兰馆

●图5-8　索恩克朗教堂

材部件组成的复杂薄掐丝网状结构，看起来很脆弱，木材部件的中间交叉点又减弱了这种感觉，将人们认为应该要加固的地方空了出来。

### 5.2.2.1 突破性技术

在建筑实践和学术研究中，木材是最常见的建筑材料，因为它在小型建筑、家具制造和模具制造中占据着支配地位。传统木工艺的优点和缺点因此被广泛了解。

木材容易腐烂是众所周知的，因此人们开发了多种防腐方法来抑制建筑工程中木材的腐烂。发明家约翰·贝瑟尔发明了煤焦杂酚油（一种木材防腐剂），使用这种防腐剂的压力注入工艺现在仍然是用压力处理木材的基本方法。然而，由于煤焦油、杂酚油和其他普通防腐剂一样可致癌，而且在地下水中不会很快降解，因此它们受到越来越多的法律限制。

幸运的是现在出现了更多既可以提高木材的耐久性又对环境负责的木材防腐方法。乙酰化木材是一种耐用的实木，它的生产过程是用化学方法转变木材的细胞结构使其具有抗水性，这种方法避免了向木材里注入毒性物质。这种改变可以抵抗腐蚀、膨胀、收缩、UV降解、虫蛀和发霉。Kebonization是另一种木材防腐的方法，它的处理工艺对环境的危害较小。糖工业的生物废弃物转化得来的液体可以加强木材的细胞壁强度，使其比没有处理过的木材更坚硬、更致密。

还有其他方法可以使木材具有前所未有的柔韧性。发明家克里斯汀·卢瑟（Christian Luther）在1896年发明了热板压机，生产出了曲线形状的胶合板。一个世纪以后，发明家阿希姆·穆勒发明了一种薄木片的制模工艺，使精密制造精巧的复合曲线几何图形成为现实，这在以前几乎是不可能的。Bendywood是意大利Candidus Prugger公司制造的一种可弯曲木材，这种木材通过蒸汽加工和纵向压缩制成，在寒冷和干燥的条件下可以轻易弯曲到曲率半径为厚度的10倍程度。因为没有添加任何化学药剂，这种工艺比传统的弯曲和压合技术更环保。其他技术使人们可以制造复杂的几何形状，以达到引人注目的视觉效果，并且提高声学性能。

分布日益广泛的计算机控制加工工业，如激光切割和电脑数控打磨，使加工过程可以在建筑工地进行，降低了运输能耗并节约了时间。制造商顺应这一趋势，专门为数字化生产设计了新型复合板。这些板材通常由被压缩成轻型芯材料的薄木片组成，可用于精确的激光切割和划线。其他数字化处理方法使图片或其他图像内容得以应用到木材以及其他基于纤维素的纤维材料商。

石油的短缺已经将需求转向可再生资源。随着木材产品的竞争更加激烈以及对林业管理的检查更加严格，制造商越来越积极地开发非传统的纤维材料以增加现在的木材供给。制造商开发了由农作物材料制成的建筑产品，如小麦和高粱不能食用的部分，因为这些材料比树木生长得更快，并且通常被视为废物。应用的例子包括装饰板，用于替代薄木片和结构隔热板（SIP），SIP由叠在一起的定向刨花板（OSB）制成，中间的芯是提供隔热效果的压缩农作物纤维。另一种替代纤维材料则源于入侵植物物种，这种物种生长快，侵害并且替代了当地植物。制造商可以从受影响的地区除掉这些寄生植物，用它们做新建筑产品和家具。

产生的另一种纤维产品是木材和塑料的结合体。这种材料具有和木材类似的性质，但是可以像塑料那样注塑。在一种工艺中，自然木材被注入丙烯酸类树脂，创造出一种更耐久、多维稳定的材料，这种材料可以防止凹陷和水渗透。

## 5.2.2.2　创新性应用

更结实、更轻、更耐久的木制品的发明与所有建筑材料的科技轨迹类似。尽管建筑规则常常会限制木材在防火建筑中的使用，建筑师已经想象到木材在预期的"碳水化合物经济"到来时的大胆应用。

建筑师们同时希望用其他可再生材料替代木材，如纸和竹子。坂茂用纸管做成的作品展示了这种看似"柔弱"材料的惊人的结构能力。坂茂为2000年德国汉诺威世博会日本馆设计的纸管网格薄壳结构，因其可回收利用的建筑特性而吸引了全世界的关注（图5-9）。

●图5-9　坂茂为2000年德国汉诺威世博会日本馆设计的纸管网格薄壳结构

隈研吾工作室设计的位于北京郊外的竹屋，包含了由规则排列的竹子制成的透光层——这个应用给人一种错觉：这种坚固的材料是纤弱且没有重量的（图5-10）。

●图5-10　隈研吾工作室设计的位于北京郊外的竹屋

# 5.3　金属

## 5.3.1　简介

　　金属是最能反映人类文明程度的材料，例如银器时代、铜器时代、铁器时代。在人类历史长河中，金属一直是现代化的象征——从早期的青铜工具一直到现在源于纳米技术的非晶态金属，都一直在推动着社会的进步。作为工业革命的最主要的原材料，金属既是工业化有力的推动者，又促进了技术的日益成熟与完善。

　　从古到今，金属都能很好地展现出力量和美感，而这两点恰恰是人类文明追求的落脚点。无论是古代的青铜兵器，还是现代的钢铁轮船，都是人类追求力量的缩影，同时也反映了人类的征服欲和控制欲。同样出于对力量和美感的追求，金属也应用在建筑中，如金属在建筑结构和外表的应用。从有着宽大边缘的钢铁圆柱到装饰用的金银饰品，金属作为一种建筑材料很好地展示了它的多样性，融笨重和精巧于一身。

## 5.3.2　发展及应用创新

　　现代金属在建筑上的应用与工业产值和技术进步有着密不可分的关系。建筑师们借助于机器之力，把裸露的金属结构和表层应用到公共建筑和住宅建筑之上，取代了之前的砖石、木材或者土质材料。这一行动恰恰印证了机器带来的活力和新功能会促使建筑步入新的高度——更为精致而且实用。

密斯·凡·德·罗的建筑力作范斯沃斯住宅坐落在伊利诺伊州普莱诺市南部的福克斯河右岸，它试图去打破人与机器之间的不稳定关系。这座住宅是为医师范斯沃斯设计的，它的模型于1947年在现代艺术博物馆展出，它是现代主义建筑的一个杰作，而且是20世纪最具代表性的建筑作品之一。这座住宅的结构是一个精致的钢架支撑起混凝土板屋顶以及连接地板

●图5-11　范斯沃斯住宅

和天花板的玻璃幕墙，整座住宅处于两个水平平面中间，由此营造了一个开放连续的居住空间，并产生一种住宅悬浮的效果。密斯·凡·德·罗有意将结构连接处设计为浑然天成的感觉，并且将架构的钢材喷成白色，从而使住宅整体上显得优雅纯粹。尽管居住者会因为隐私得不到保护而不乐意居住于此住宅内，然而这并不能阻碍范斯沃斯住宅成为密斯·凡·德·罗将大规模的工业化与个体追求自由化相结合的最富有思想的一次尝试（图5-11）。

#### 5.3.2.1　环境压力

采矿业会对生态环境造成影响，并且消耗大量自然资源，会引起土壤侵蚀、生物多样性锐减以及土壤和地下水污染。在对可用矿床的找寻过程中，会很大程度上改变地表结构，大量土壤被移除和破坏，使现有的生态系统受到干扰。

从矿石中提取金属化合物的过程是种会涉及氰化物使用的有毒过程。金属生产也是出了名的高能耗。还有十分重要的一点是，现代金属的生产几乎完全依赖于不可再生的原材料。由于20世纪对于金属的大规模的利用，导致现在常见金属矿物的贮存量迅速减少。美国地质调查局的数据显示，铅和锡的储存量只能够维持不到20年具有经济效益的开采，铜能维持22年，铁能维持50年，铝能维持65年。

许多金属对于人和其他一些生物的健康而言也是有害的。尤其是一些有毒金属，例如铅、汞、镉，对于这些金属必须进行严格的管理控制。1988年，美国环保局认定的16种对人类健康最为有害的物质中，金属及其化合物就占77个。然而一些其他的金属，例如不锈钢、钛合

金、钻合金则对人体健康十分安全，甚至可以植入人体内。

金属的最大的好处之一是它的可回收性。与其他很多材料不同，大多数金属可以较为容易地被回收利用，而且金属不会随时间而降解。此外，回收利用金属（也称作二次生产）的物化能要远远低于初级生产，对铝而言是10%，对于不锈钢而言是26%。金属回收利用的巨大环境和经济效益会激励闭环生产和消费的扩展，在闭环生产和消费中，所有的废料被当作技术养分来重复利用制造新的材料。

## 5.3.2.2　突破性技术

金属给环境带来的压力促进了技术的突破性发展。金属技术上的进展主要集中在对于其性能的加强。其中一个目的是通过改变合金的配方或者采用更为复杂的结构形状来达到更高的强度重量比。另一个目的是通过研制更为稳固的表面来克服金属固有的不稳定性，以适应更为恶劣的环境。通过20世纪中期对于此项技术的深入研究，金属可以用在一些对于材料要求更为苛刻的建筑上。

因为金属具有很高的韧性，所以受到军事和航空航天行业的青睐。在微观结构上使用几层不同的合金时，金属被证实能够承担更高的负荷。复合金属板又被称作周期性多孔材料，它是利用轻质金属形成蜂巢状、柱状结构，或者是两个片层夹着的晶格结构。这种结构可以应用到对安全性要求较高以及易发自然灾害的环境中，以提供良好的爆炸和弹道防护。复合型面板有着多种多样的结构，例如表层用金属覆盖，而芯是聚苯乙烯，或者是表层是透明的聚合物，而芯是蜂窝状的金属结构。泡沫状金属的细孔中充有大量的空气，随着这种金属发展，它也能制造一些具有高刚度、低重量、高吸收能量水平的材料。其中泡沫铝和泡沫锌可以通过最少的原材料来达到一定水平的抗冲击性、电磁屏蔽、共振降低、吸声降噪，而且还可以100%地回收利用。

鉴于金属的高光泽和延展性，金属经常被用于一些对颜色、光洁度和纹理效果要求比较高的应用之上。金属微粒和聚合树脂使用先进技术堆焊制成的复合材料可以被用来做垂直抛光处理。它的复合表面包括将金属颗粒铸入纤维增强聚合物（FRP）中，以及将工业化后废金属铸入透明橡胶中。

金属被应用于各种先进的数字化制造流程中，例如由弯曲的复杂形状的金属板基于算法推导而制成的金属系统。复杂的形状可以提高其力学性能和视觉效果，而且比挤压和轧制成型技术更经济节约。

关于金属最有意思的一个进步是形状记忆的发展。1962年科学家威廉·比埃勒和弗雷德里克·王在等量的镍和钛组成的合金上发现了金属的这个特性。为纪念它的出产地，这种合金被命名为美国海军军械研究室镍钛合金，简称镍钛合金，它不仅呈现了形状记忆的特性，而且具有超强的弹性。镍钛合金能将自身的塑性变形在某一特定温度下自动恢复为原始形状，这个特性使它被广泛地应用在生物医学设备、联轴器、制动器和传感器上。研究人员曾尝试将形状记忆合金应用在建筑上面去制造活动遮阳系统，因为记忆合金会根据外部环境改变自身的形状，以此达到更大限度的遮阳的效果。

### 5.3.2.3  创新性应用

金属依然可以影响建筑未来的走向。虽然在20世纪的钢铁时代金属经历了它的极盛时期，但是今天不断创新的新型数字制造技术依然继续改进金属的生产。如今结构工程师们利用先进的软件去计算复杂的结构组成，使得一些在10年前因为结构的不确定性而无法建成的建筑现在可以被建造。基于这些先进的模拟技术，建筑师和工程师可以通过密切的合作来描绘一个建筑物外形的表现形式，以此来增强设计的真实性。

这种综合方法可以使建筑结构负荷在视觉上呈现出来，揭示出对于结构组件的尺寸和数量的需求，使材料的利用更为高效。在建造过程中，金属部件可以在电脑的计算下被精确地制造，从而在确保高质量水平的同时尽可能地减少浪费。

## 5.4  玻璃

### 5.4.1 简介

玻璃是一种游离在物质实体和感知状态之间的材料。玻璃的物理特性坚固，但玻璃也被叫作"过冷液体"。实际上，它介于固体和液体之间——是一种冷却到非晶态固体的、被称为无定形固体的无机材料。在建筑中，玻璃因为其透明性而被广泛使用，并常常被看作是无形的；然而，根据玻璃的特性和与光源的相对位置，玻璃也可以高度反光或不透明，从而呈现出"凝固"的物体特征。而且，玻璃在建筑中的使用是一个巨大的矛盾，因为采用一种透光且抗热性差的材料，可能危及建筑最主要的功能——遮蔽和保护。这些关于玻璃的多种看法，使得人们对于玻璃的重要性和科学使用方法展开了激烈辩论。

由于在现代建筑中，玻璃是最主要的透光材料，玻璃成为了透明的同义词，并且与技术进步、可达性、民主、选举权以及暴露和失去隐私相关联。许多建筑师将玻璃视为一种可以直接沟通内部和外部的无形物质，另外一些建筑师欣赏玻璃不仅仅是因为它有透光作用，更重要的是它具有折射和阻隔光的空间组织能力。建筑理论学家柯林·罗和罗伯特·斯拉茨基指出，由于概念本身固有的矛盾性，透明度作为一个物质条件，满载了含义和理解上的多种可能性，透明度常常不再是完全清楚的，而是模棱两可的。

## 5.4.2 发展及应用创新

纵观中世纪起开始的在建筑中使用玻璃的行为能够发现。从高超的哥特式风格彩窗到19世纪温室建筑，经过短短几个世纪，玻璃实现了从轻薄的易损物质向精致坚硬窗饰的转变。

整合玻璃和铁的技术在1851年建造水晶宫的过程中得到了很好的实行，这座建筑被认为是推动现代运动的重要标志。建筑使用了大量预制构件和镶嵌玻璃，在9个月里使用了83600m的吹制玻璃。水晶宫的影响力巨大，成为了铁和玻璃建筑的典范，铁柱、铁艺护栏和玻璃模块的搭配，成为当时大型车站、仓库和市场的标准结构（图5-12）。

如果不提及菲利普·约翰逊的玻璃住宅（图5-13），那么对于现代玻璃建筑的历史回顾将是不完整的，玻璃住宅是他在1949年为自己设计的位于康涅狄格州纽卡纳安的住宅。设计灵感来自19世纪20年代德国建筑师的"玻璃建筑"理念，玻璃住宅的设计比密斯的著名的"范斯沃斯"还要早，它是约翰逊在建筑界奠定地位和知名度的重要作品。

●图5-12 水晶宫

●图5-13 菲利普·约翰逊的玻璃住宅

建筑本身是一个非常纯粹的表现，仅仅是一个巨型玻璃盒子。透明空间的对面是与之辩证存在的"对立物"——不透明的客房，这种设计体现了约翰逊设计中的折中思想和某种躁动的个性。直径为3m的红砖柱筒包含壁炉和浴室，将内部空间分为三个相等部分。建筑的细节处理十分讲究，平滑光亮的钢结构尽可能地贴近玻璃的内表面，以减少阴影和最大限度增加透明感和反射效应。

### 5.4.2.1　环境压力

用于制造玻璃的材料十分广泛，其主要成分二氧化硅是地壳中含量最多的物质。然而，提纯后的二氧化硅由于受开采水平所影响，能储存的量并不大。另外，制造玻璃使用的添加剂也会造成环境问题。如用来提高化学稳定性的氧化铝，就需要对铝土矿进行能源密集型的加工。虽然二氧化硅是惰性和无害的物质，但吸入二氧化硅粉尘会对肺产生刺激，导致硅沉着病和支气管炎——操作喷砂设备工人的常见职业病。吸入镁氧化物气体也是危险的，会导致金属烟热。

像许多建筑材料一样，玻璃在制造过程中需要大量的能源，而且会产生大量二氧化碳。

玻璃是高度可回收的，目前已经建立起工业后和消费后玻璃的回收方式。可重新利用的废弃玻璃叫作碎玻璃，常用来制造多种产品，如混凝土台面和工业磨料。碎玻璃最初主要来自回收的玻璃瓶，而建筑玻璃等其他玻璃最终被填埋了。而且，透明玻璃会被优先回收，有色玻璃常常不被回收。减少建筑工地废弃物的实践和多种玻璃回收市场的扩大，能够提高碎玻璃的利用率。

目前建筑玻璃带来的最严重和最具争议的环境问题是建筑物的能源消耗。尽管中空玻璃单元（IGU）在能源效率方面做出很大改进——在两层或三层玻璃中间注入惰性气体或绝缘气体，如氩、氪、氙——但玻璃在建筑保温方面仍然表现不佳。因此，现代能源法规通常规定建筑外墙使用玻璃的最大面积比例——直接影响到建筑设计。

最终玻璃所占的比例是建筑师和使用者（希望更好的透光性和视野）与官员和建筑所有者（希望减少能耗）共同协商和斗争的结果。而且，环境评级体系直接将整个建筑的机械工程性能与建筑外观相连——玻璃对太阳能的隔绝能力增加一点，可以在整个建筑的生命周期内显著节省能源。活动玻璃窗打破了外部环境的封闭，将空气引入内部，加剧了这种矛盾和斗争。

### 5.4.2.2　突破性技术

玻璃的技术革新沿着两条相互冲突的道路前进。"道路一"——通过减少几何缺陷、色差、表面异常，制造出尽可能透明、无形的玻璃。这个目标是显而易见的，例如，由添加了抗反射涂层的透明玻璃制成的光滑的店面橱窗。"道路二"——是追求材料在形式、结构和美学上的多种可能性——更注重尝试而不是完美，物质性而不是透明性。

新的富钛涂层可以使玻璃具有自洁能力，加强了"道路一"。这项技术使用一种热解涂层逐渐分解掉玻璃表面的有机残留物。下雨时，水冲刷玻璃表面，带走尘埃颗粒和无机灰尘，玻璃变干之后没有斑点和条纹——保证了玻璃的透明度，降低维护成本。

"道路二"在玻璃产品中得到落实，玻璃产品表现出多种几何形状和复杂表面，追求物质性而不是透明度。这些玻璃制品主要用来过滤、控制和表现光线——而不是仅仅透射光线。玻璃也被改进为能够承受更大的压力。例如，防火玻璃由被膨胀层隔开的安全玻璃制成。发生火灾时，膨胀层变得不导热，扩展形成隔热层，阻挡热辐射和传导，形成对烟雾、火焰和有毒气体的整体阻挡。玻璃也可以与高强度夹层材料叠加，或被浇注到立体结构中（如吊顶龙骨），以提高载荷能力。

考虑到面临降低建筑外墙能源消耗和改善采光性能的压力，最先进的建筑玻璃产品采用各种技术减少太阳能的吸收和热量的传递，或者采集能量，为建筑提供照明和加热。电致变色玻璃（也叫智能玻璃）加入电流后可以在透明和不透明之间转换。其中一种变色玻璃由镁钛合金薄膜构成，这种变色玻璃制成的切换镜可以很容易地在反射和透明状态之间转换，这种玻璃可降低建筑和汽车内空调系统的能源消耗。其他应用电气技术的例子包括，用于夜间照明的低电压 LED 光源，将玻璃变成热能来源的导热夹层。

建筑上有相当比例的玻璃在白天会受到阳光直射，因此需要遮挡物。能量采集玻璃包含一层太阳能光伏薄膜，在吸收能量的同时也防止眩光。专门的能量采集涂料和薄膜使窗户能够像大面积单极太阳能电池一样运作。一些玻璃系统采用可微调方向的固定微孔遮阳装置来减少吸收太阳能——如大都会建筑事务所设计的西雅图公共图书馆的幕墙，采用扩大的铝夹层来减少太阳辐射和眩光（图5-14）。

●图5-14 西雅图公共图书馆的幕墙

●图5-15　博得费尔德·豪斯玻璃博物馆

●图5-16　赫尔佐格和德梅隆建筑事务所
设计的东京普拉达青山店

●图5-17　紫晶酒店

### 5.4.2.3　创新性应用

德国小说家保罗·西尔巴特在他1994年的作品《玻璃建筑》中宣称：很多建筑师的愿望是用透明的玻璃代替坚固沉重的传统砖石。西尔巴特希望用新兴的透明结构改变欧洲城市中已经建立起来的刚性结构，布鲁诺·陶特、密斯以及其他有影响力的现代建筑师被这种愿景所鼓舞。

一个世纪以后，西尔巴特的愿望得到了实现。玻璃幕墙是现在商业建筑的常用外皮，为了提高透明度和可接近性，建筑师继续用玻璃替代各种不透明材料和结构性材料。高强度玻璃和先进的夹层叠加技术的发展，使玻璃系统可以在小尺度结构中代替钢材、混凝土和木材。例如Antenna公司设计的位于金斯温福德的博得费尔德·豪斯玻璃博物馆（图5-15）。

建筑师也实现了几何复杂性结晶膜的设想，如赫尔佐格和德梅隆建筑事务所设计的东京普拉达青山店，建筑师在一个斜交网格结构中加入了曲线平板玻璃（图5-16）。

颜色也是玻璃建筑中一个有力的设计元素。紫晶酒店外形灵感正源自于紫水晶，为了突出紫水晶的治愈性特点，整幢建筑就像被剖开的紫水晶，看起来相当逼真（图5-17）。

## 5.5　矿物

### 5.5.1　简介

土质矿物是被早期原始人用于建造居所和制作工具的基本材料之一。很多古代神话和宗教将土分别与人类的肉和骨骼联系起来——人们认为不同稠度的矿物象征性地与身体及其柔软和坚韧的双重特征相联系。考古记录表明在史前石器时代，石器的使用非常活跃，超过99%的人类活动均涉及石器的使用。从石器时代过渡到青铜器时代基本标志着有记录的人类历史的开始。

泥土、石器和陶器是城市化起源的基础，它们给第一批城市奠定了物质形态和规律。由于它们的耐压强度，这些材料适合厚壁低身的结构，这种结构的形成需要将多层泥土叠放并压实，制成基本的承重墙。1000多年以来，这种条纹状的建筑一直展示着其厚重感、存在感和耐用性。

现在这种承重墙的使用在工业化国家几乎已经销声匿迹，被框架结构和应用表皮所取代。尽管如此，出现在当代建筑的泥土材料仍然有着承重墙结构的丰富遗产的痕迹。在当代，砖石往往是被悬挂起来或者是依附在框架的外面作为自支撑的表面——与最初的使用方式大相径庭。然而许多矿产资源易于开采，并且石头和陶制品用作建筑表层十分耐用，这导致泥土材料在建筑建造上的重要性得以保持。

### 5.5.2　发展及应用创新

土质材料对建筑技术的起源非常关键。石器和陶器的发展以及早期居所的建造，发生在石器时代，这是人类第一个纪元。巨石纪念碑，如石圈、史前墓石牌坊和石冢，是由巨大的、形状规则的石头制成，它们永久地提醒人们这是那个时代的坟墓和宗教场所——史前巨石柱（公元前3100—公元前1600年）是最令人熟知的例子。

第一个阶梯金字塔，左赛尔金字塔于公元前27世纪建于埃及，为法老左赛尔而建。伊姆霍提普被认为是第一个建筑师，他设计金字塔并监督金字塔的建设，用粗切的图拉石灰石块建起了围墙、柱廊入口和金字塔。用石灰石比用泥砖更为耐久，泥砖是早期的尼罗河谷社会常用的材料，对于居所建设来说便于获得，也被用于早期的埃及坟墓。

左赛尔金字塔是最早使用建筑圆柱的著名建筑之一。左赛尔金字塔的石柱廊包括被雕刻

成植物状的石柱——最早将建筑中的木材改成石材的案例之一。希腊人延续了这种方式，发展了基于比例的系统和技术，将用于建筑的石材粗糙的砌块变成精致的专用组件，就如同树木和植物结构那样。

希腊还发展了陶瓷材料——有着良好的抗压强度和防潮能力——从埃及和美索不达米亚（公元前4000年以前）的陶片和火烧砖发展为组合式的建筑元素，如屋顶瓦片，被设计得像鱼鳞一样覆盖在房顶，以调节水流（公元前800年）。随着砖的广泛应用，罗马人进一步改进了陶瓷技术，砖常常用于混凝土墙。

在中世纪，随着高耸的哥特式教堂的建设，石材技术发展到顶峰。石匠们掌握了越来越娴熟的拱顶结构技术，这种技术使石材建筑达到前所未有的高度。尽管后来的工业化使人们能更好地控制石材和陶瓷的制造和分配，但19世纪框架结构的出现使这些材料不再用于承重了。

尽管承重方式发生了改变，石材和陶瓷依然被广泛使用。19世纪钢铁、混凝土和木立柱框架体系占据优势以后，土质材料被用于外饰——和其他材料共同制造耐久和美观的建筑表皮。

### 5.5.2.1 环境压力

矿物开采会影响环境。大多数石头开采在露天采石场进行，需要移除覆盖物（即覆盖在具有经济和科研开采价值的区域上面的物质，通常是岩石、土壤和生态系统，它们覆盖在人们需要开采的矿体上面），开采形成了巨大的露天矿坑。陶瓷黏土和壤土的开采也包括露天矿坑式开采；一些石灰岩、大理石和页岩则在地下开采。采矿会产生大量垃圾，堵塞并污染当地水道，还会释放并渗入到地下水中，产生令人担忧的侵蚀，造成生物多样性的破坏。控制径流的控水措施必须安排到位，任何新的采矿方式都必须有周全的计划，以保证以后可以修复地面景观。

另外，由于土质材料重，它们的运输需要消耗大量能源。

### 5.5.2.2 突破性技术

尽管石头和陶瓷是已知最古老的建筑材料的一种，但它们仍然一直是研究的焦点。尤其是陶瓷材料成为近几十年科技进步的重要主题之一——如具备高强度或者光学透明度的能力。这些新循环中的一部分与它们新石器时代的前身有很大的不同。就力学性能而言，陶瓷、石头和其他基于矿物的材料，都具有很高的耐压强度。耐久性也是其使用中一个关键因素。在追求多方面的性能以及对相关工艺改进的时候，这一类的新兴技术则充分利用了它们的优点。

由于陶瓷出色的耐热、耐磨和耐压特性，陶瓷材料在汽车和航空工业中占据很重要的地位。而由于非常出色的损伤容限、硬度和耐磨性，碳强化纤维陶瓷混合材料尤其受到青睐。由于这些有利特性，制造商开始开发用作建筑覆层的碳纤维强化复合材料。

人们看到的陶瓷在建筑结构方面最新的进展是赤土陶。尽管最早在19世纪初就以上釉的形式被应用，上釉的赤土陶已经广泛应用于建筑雨搭的制作，因为其几何形状非常标准，重量轻，可以在金属框架中提前安装。这些特点也使赤土陶取代了传统的砖石结构。

因为基于矿物的材料涉及高能耗的生产过程，制造商一直在努力开发低能耗的生产方式来取代——如不需要加热和加压，通过化学作用生产的多功能墙板。这种墙板由氧化镁、膨胀珍珠岩和回收再利用纤维素组成，在常温的时候被倒入一个模子中，这种墙板会发热（释放能量的过程或反应，通常以热量的形式呈现），因此其制造过程不需要额外的热量。考虑到墙板和地板在建筑中普遍存在，加工过程中加入发热的材料可以使建筑的环境性能显著改善。其他通过化学合成不需加热的材料包括生物砖，由沙子、尿素和细菌构成。这些非传统的砖通过方解石沉淀作用生成，而不是高温制造，这种砖拥有和典型烧制砖同样的强度。

尽管喷釉工艺以及其他的对于陶瓷表面处理的方式早就使得陶瓷具有反光的特性，但是新材料采用了令人意想不到的异于传统的方式来处理光线。透明的刚玉和氧化铝陶瓷可以达到60%～80%的可见光穿透，并且显示出比玻璃更高的强度和耐热性。透明陶瓷未来可能会用于抗爆抗热的窗户的制造。其他材料被设计用于储存而不是传播光线——如光致聚合物，它可以在断电的时候照明紧急出口，或者在阴暗的条件下改善照明模式——显示材料更具应变性的能力。

新型计算及自动化生产方式提供了多种形式转换和影响转换的能力。数字图像烧制陶瓷瓦片把陶瓷釉料看作印刷油墨，加入了摄影成像的功能。另一个过程利用数字成像在陶瓷瓦片上做浮雕，以标准工业釉料作画，创造了一种照片式表面。石头表面也可使用先进的三维雕刻技术来刻画，这使得人们对于最为棘手的材料的基本形式的控制成为可能。

### 5.5.2.3　创新性应用

以往的建筑大多基于矿物材料，因为这种材料已经使用了1000年，并且一直存在。它们依然经常用于现代建筑，传递着传统、持久和厚重的感觉，即使很少对它们的表面进行处理，也不用于承重。然而，正是土质材料的这种不可分离的与过去的联系使它们非常适合突破性

应用。期望与物质、工艺、结构以及过程之间的联系更加紧密牢固，巧妙控制这种材料产生的影响也就越大。

石材切片作为一种常见的创新型材料也越来越多地应用在建筑设计中。如Studio Gang建筑事务所的大理石窗帘，是一片巨大的薄石片，镶嵌在悬架中。在华盛顿国家博物馆的拱形顶棚的5.49m高的大理石窗帘，由620片1cm厚的半透明石片组成。

石材瓦片被水刀切割成一连串的拼图式形状，并且被放置到纤维树脂膜上以强化结构。因为对石头进行拉力测验的结果有限，所以这种类似透光窗帘的对石头不落俗套的应用令人称奇。

传统的石材具有不透光性，这使得对于透光性的研究成为突破性应用的一个方向。像弗朗茨·弗埃戈的瑞士梅根圣皮乌斯教堂和戴蒙与史密特建筑师事务所在以色列耶路撒冷的外交部这样的项目，展现了由纤薄的半透明石片制成的建筑立面，这些建筑立面包围着大型的公共空间。在这两个项目中，这种应用方法利用了材料基于时段的双重表现，因为当内表面或外表面其中一面发光的时候，另一面是不透明的。

传统的施工手段也得到了改进，用于建造砖石建筑立面的常规方法，如手工铺设、利用重力界定表面。鉴于其悠久的手工制造历史，砖、瓦片和铺石的尺寸与人类手的大小密切相关。因而，砖瓦往往被认为可以赋予建筑温暖和人性，即使是预制好的。

## 案例

### 隈研吾 V&A 博物馆

隈研吾设计的这座博物馆坐落在城市复兴滨水区的中心，他的设计灵感来自于苏格兰悬崖峭壁。

建筑的外立面是完整的，2500个巨型铸石板被固定在外墙上，墙面形式复杂，同时在水平和垂直方向上弯曲。每块石板重达2t，均使用模具制作，长度可达4m。建筑表面石板的大小、形状和位置千变万化，随着一天中太阳光线的变化，石板创造出的阴影效果变幻莫测（图5-18）。

●图5-18　隈研吾V&A博物馆

## 5.6　混凝土

### 5.6.1 简介

　　人们想用浇筑时柔软的黏稠液体复制石材的美观和持久，混凝土就是这种想法的产物。它被认为是第一种人造混合材料，并由于应用极为广泛，在建筑建造史上起着关键作用。混凝土展示出"简单"的特性——尽管其成分复杂且很难达到完美的程度，但它是一种足够简单的材料，可以大规模生产，并且被广泛使用。

　　科技史学家安托万·皮肯说过："没有任何材料比混凝土与当代建筑的起源和发展联系更密切了。"由于在建筑施工中便于使用且普遍存在，所以混凝土已经成为现代建筑环境的代表和别名。一方面，混凝土代表着科技成就的顶峰，世界上最高的建筑——SOM建筑设计事务所在阿联酋迪拜设计的哈利法塔项目中说明了这一点；另一方面，混凝土也象征着现代建筑及其发展的单调和冷漠，典型代表是高度城市化地区到处都是单调乏味的建筑。

　　因为混凝土可以通过不同的方式使用，并且呈现许多不同形式——不同于砖和钢那种更为具体和可预见的特征，建筑师困惑于如何界定混凝土真正的本质。因其模糊的特性，弗兰克·劳埃德·赖特将混凝土称为"混杂"材料。尽管其名字暗示固态及不可更改性，但是混凝土赋予了现代建筑前所未有的可塑性，安藤忠雄预言，混凝土可以接近波特兰石（水泥的现代变体，被命名为波特兰水泥）的美。

### 5.6.2 发展及应用创新

　　20世纪初，混凝土的时代开始。它最初用于建设工业仓库和厂房，随后钢筋混凝土迅速

133

被用于其他类型的建筑项目。1903年，奥古斯特·佩雷将这种材料用于巴黎一座公寓大楼的立面。他的追随者勒·柯布西耶在1914年发明的多米诺系统中展现了钢筋混凝土技术带来的新自由——一个典型的结构框架，去除了建筑物立面的承重要求，建立这一技术方法的概念意义。

虽然混凝土成为一个新的横梁式的建筑形态反复叠加的基础，这种建筑的特征是笔直的梁、柱、板，与典型的砖木结构一样，勒·柯布西耶的朗香教堂背离了这一理性系统。这座极具雕塑感的小教堂位于法国朗香，钢筋混凝土结构，并以砖石填充，外覆4cm厚的砂浆涂层，喷射混凝土。沉重的屋顶是粗糙的清水混凝土或者混凝土原材料，与白粉墙壁的表面对比形成斯塔克效果。为了更加吸引人，建筑师故意加厚了建筑围护。最初看起来承担巨大重量的墙壁实际上并没有支撑建筑——墙壁顶端和屋顶之间10cm高的水平槽暴露了这一点，水平槽里可以看到相对较薄的混凝土柱的侧面。

朗香教堂将混凝土作为塑性材料的处理可以模糊结构和表皮的区别，这启发了很多后来的设计。同时，还可将混凝土用作一种能够表达结构填充模式的优化组合的物质。

## 5.6.2.1　环境压力

从物质资源的立场来看，混凝土是一种适应性很强的材料。其主要组成成分为碎石、沙子和水——几乎随处可得，并且水泥也相对比较容易获得。混凝土提出的一个环境挑战是水泥熔渣的生产需要大量能量。

严格来说混凝土是可以循环利用的，尽管现实中更多的是下降循环，用于修路或者其他低级的建筑。从拆毁建筑中得到的混凝土可以被压碎用作制造新配料的大块集料。然而，比起只是用新材料，这种使用方式需要更多的水泥，增加了碳足迹，抵消利用循环集料的益处。

## 5.6.2.2　突破性技术

钢筋混凝土在技术层面具有两面性。一方面，作为现代建筑的实用材料，混凝土无处不在，这使其成为最普通、最可预料的、最简单的材料。另一方面，混凝土已经成为热门的研究主题，这是因为混凝土不仅需求量大，而且混凝土技术发展到今天已变得多样化和复杂化，并且常常会出现意想不到的结构。这里描述的突破性技术承认混凝土的普遍存在，推进它的实用性，还挖掘其艺术潜力。

由于混凝土生产过程中会产生大量的碳排放，人们协同努力开发新技术以更有效地利用资源。碳纤维强化混凝土以强化纤维代替了传统的钢材，与钢筋混凝土相比，降低了66%的重量，减少了运输成本和碳排超高性能混凝土（UHPC）同样将强度重量比最大化，通过加入硅粉、超增塑剂、石英粉和矿物纤维来制造具有高强度和延展性并且超级抗冲击、抗腐蚀、抗磨损的材料。尤其是它的高压缩性能和弯曲强度，使人们可以用更薄的结构部件实现长跨度建筑的建造。一些高性能混凝土包括不同方向的纤维玻璃层，以消除对钢铁的需求，导致重量更轻，弹性更高，并且具有超级阻燃性。高性能混凝土的一个惊人的变化是它可以在压力下弯曲。混凝土中的强化纤维独立于集料和水泥，所谓的工程水泥复合材料在存在水和二氧化碳的情况下用碳酸钙填充细微裂纹来实现自我愈合，有希望实现比传统混凝土更长的使用寿命。

由于混凝土被普遍使用，科学家热衷于改善它的性能，尤其是在降低环境污染方面。其中一个目标是环境整治，这涉及改善材料的制作工艺来实现自身环境的优化（例如通过光催化作用来减少空气污染）。光催化作用混凝土可以在太阳光的辅助下降低当地空气污染的程度。

●图5-19 哈利法塔

从21世纪初开始，世界各地的研究人员都在致力于半透明混凝土的研制，尽管每种方法都是独特的，但它们都将聚合物加入到预制混凝土砌块或者平板中，使光线穿过不透明的混凝土。其中一种方法是利用数千条内含的平行光纤束；另一种方法是利用固体透明塑料棒，还有一种办法是利用半透明织物。每种技术使光纤和阴影穿过几十厘米厚的墙，否认了混凝土一定不透明的想法。透光材料以固定间隔穿插在混凝土中，结合LED照明，使混凝土视频屏幕的建成成为可能。

●图5-20 麻省理工学院学生宿舍西蒙斯大厅

●图5-21　圣玫瑰教堂大楼

●图5-22　Bosjes小教堂

数字化生产的新方法已经影响了混凝土的制造和表面处理。一种叫作轮廓工艺的工序使混凝土在建筑建造时能够进行三维打印。数字化控制程序利用有机械电枢的高架移动起重机，将多层材料放到基座上，建造大型建筑。数字工具也提高了控制水平和在混凝土结构中能够完成的几何控制的可能的种类，如混凝土表面的高分辨率摄影照片或者复杂的浮雕图案。

### 5.6.2.3　创新性应用

混凝土继续展现出其在结构和表面应用方面的重要潜力。混凝土曾经局限于低矮结构或者建筑，但是现在混凝土已经展现了它在建造前所未有的高度建筑方面的潜力。于2010年建成的哈利法塔（图5-19）是世界上最高的建筑，高828m。它采用高强度混凝土建造。

除了性能的提高，建筑师也在追求复杂混凝土外壳建造中结构和表层的整合。史蒂芬·霍尔的麻省理工学院学生宿舍西蒙斯大厅的灵感来自于海绵内部的几何形状，perfcon（穿孔混凝土）模型目的在于提供最大的设计灵活性以及增强学生间互动的可能（图5-20）。

特拉汉建筑事务所在路易斯安那州巴吞鲁日处的圣玫瑰教堂大楼，以其明亮反光的混凝土展现了优越的精细化水平（图5-21）。

图5-22所示为Bosjes小教堂。整个教堂就是一片被"软化"的混凝土片，"飘浮"着嵌在四片玻璃上。这片混凝土通过优雅的起伏完成自我支撑，同时营造出一个完整独立的空间。

## 5.7 塑料

塑料为合成高分子材料,它的名字源于一种活动——浇筑和塑造。希腊动词"plasseln"的意思是"浇筑或塑造一种柔软的物体",而形容词"plastikor"的意思是"可以被浇筑和塑造的"。20世纪,化学家发明了具有前所未有的特定属性的现代高分子材料,"plastic"这个词就逐渐和人类不断努力想要巧妙地使用材料的成果联系起来。塑料体现了现代科技工作的困境。一方面,它满足了我们的期望:便利、可控、适用并且耐腐蚀;另一方面,它的生产和散播污染了环境,增加了材料循环利用的复杂性,还挑战了已经建立的对于真实性的定义。塑料是这样一种持久耐用的材料——通过某种核心科技手段获得的一种令人满意的特性——然而这违背了自然过程。此外,作为易腐烂材料的替代品,廉价材料的广泛应用引起了社会广泛的怀疑和犹豫。小说家托马斯·平琼抱怨塑料的"完美的耐久性";伊东丰雄为当代文化的无趣乏味感到悲伤,他将其比喻为透明玻璃纸;尽管我们周围有各种各样的商品,然而我们生活在完全同质的环境中。我们的丰富性仅仅靠一层保鲜膜来维持。

尽管如此,塑料仍是一种令人难以拒绝的材料,它在建筑中得到越来越广泛的应用,并且刚刚开始显示在科技和环境方面的潜力。另外,目前一个意义深远的转变是正在用可再生资源替代塑料原来的生产原料:石油。随着碳水化合物(可再生材料)逐渐取代碳氢化合物(化石燃料),将来某一天,塑料可能会实现最大量控制和环境容量之间令人难以捉摸的平衡。

在19世纪中期塑料首次被制造出来,是旨在提高自然材料性能的实验的附属品。令人鼓舞的是,最终这些新物质将会替代更昂贵且有缺点的材料。英国化学家亚历山大·帕克斯于1855年发明的赛璐珞(硝酸纤维素塑料)被认为是第一种热塑性塑料,用于仿造玳瑁和玛瑙。酚醛塑料于1907年被比利时化学家贝克兰从苯酚甲醛和甲醛(产自焦油)的混合物中提取出来,这是第一种热固性塑料,也是第一种从合成材料中获得的塑料。酚醛塑料用于替代硬橡胶和虫胶,并可用于制造绝缘电子零件。

20世纪30年代以后塑料的生产出现了爆炸式增长,带动了尿素甲醛树胶、有机玻璃(PMMA)、聚苯乙烯、醋酸纤维素和其他合成高分子材料的商品化发展。到目前为止,塑料已经是遍及全世界的家用材料。

第二次世界大战以后，塑料生产的大幅增长逐渐和这个时代新兴的物质主义联系起来，许多人认为塑料是肤浅的和人造的。但塑料展示了它在绝大多数苛刻环境下的优良性能，因此塑料成为汽车、家具、玩具、服装行业中无处不在的材料，到现在为止，尼龙和氯丁橡胶已经成为丝绸和天然橡胶的替代者。塑料完全改变了这些行业。

　　尽管塑料最开始应用于小巧且大规模制造的物体，但建筑尺度的塑料系统在20世纪50年代末期加速发展。塑料制造商可以通过新开发的技术方法，如叠压和强化玻璃纤维制模，来适应建筑的大尺度。早期的塑料建筑通常被想象成两种方式中的一种：模板制造的刚性结构，或者韧性纤维制造的弹性结构，后一种包括填充式结构和充气式结构。

　　阿尔伯特·迪茨是一位结构工程师，在孟山都未来之家的建造中起着重要作用。迪茨在麻省理工的塑料研究实验室研究第二次世界大战中的尼龙装甲，1954年孟山都公司委托该实验室研究并设计革新性的公司大楼。为追求塑料独特的表现形式，迪茨和建筑师理查德·汉密尔顿决定要利用连续的塑料表面来建造一整块建筑外立面。他们将大规模生产的理念融入设计当中，4个悬挂在基座上面的分离舱连接在一起组成未来之家。C形的分离舱由强化玻璃纤维聚酯制成，用吊车将它们放到基座上并组成一个L形，安装过程非常艰难、复杂并且需要大量的人工劳动来完成。

　　第二次世界大战后，伯克明斯特·富勒对工业化房屋建造的兴趣引起了他对短程线穹顶的兴趣，短程线穹顶是一种能够以极小的材料曲面面积提供最大空间的积木式结构。富勒最早的小圆屋顶在麻省理工学院制成，是一种包含薄金属支架的自支撑结构，支架表面覆盖轻型材料。1967年富勒为蒙特利尔世博会美国馆所做的设计包括一个几乎完全是球状的圆屋顶，高61m，直径76m（图5-23）。1900片模塑的丙烯酸塑料片镶嵌在氯丁橡胶索上，然后覆盖在

●图5-23　蒙特利尔世博会美国馆

钢管弦上，这个圆屋顶像一个有花边的金银细丝工艺品映照在天空下。对富勒来说，塑料为无形体限制的建筑提供了可能，这种建筑基于自然界中发现的复杂结构模式。

### 5.7.2.1 环境压力

合成塑料来源于化石燃料，受到了很多与石油和天然气同样的批评，包括消耗非再生资源，导致全球变暖，排放污染，以及加剧了全球对石油的竞争，更不幸的是，这种竞争导致了石油独裁。

许多塑料在其使用期的某些阶段会释放有毒物质。在制造和燃烧的过程中，PVC 会释放二恶英，这是一种广为人知的致癌物。聚氨酯（PUR）含有二异氰酸酯；尿素和三聚氰胺含有甲醛；聚酯和环氧树脂含有苯乙烯。一些塑料会在其大部分使用期中向大气释放挥发性有机化合物（VOC）或者废气，加重人们的呼吸问题。人们已经知道用于制造某些塑料的双酚基丙烷（BPA）和邻苯二甲酸酯会导致内分泌失调，并且实际情况显示即使是量很少也会导致人体的发育问题。这些化学物质已经在环境中广泛蔓延，并且难以降解。人们必须努力减少或者避免这些材料的使用，并且在生产过程中采取必要的安全预防措施。

尽管塑料抗自然降解的特性在其使用过程中意味着高品质，然而这种耐久性并不总是令人满意的，尤其考虑到它在环境中一直存在，而人们并不乐意看到它。10% 的废弃塑料被排放到了世界各大海洋中，洋流将这些材料聚集到了五个不同的漩涡中，形成耐久垃圾的浮岛，这些浮岛成为环境死亡地带。幸运的是如果处置合理，热塑性塑料很容易被循环利用，同时热固性塑料可以重新研磨制造新的合成物（尽管这还不普遍）。用可循环材料制造塑料也可以降低塑料的自含能量，1t 再生塑料可以节省 $2.6m^3$ 的石油，比制造原生塑料节省 50% ~ 90% 的能源。因此，在设计和确定技术规格过程中考虑塑料零件的可再生能力和可降解能力非常重要。

### 5.7.2.2 突破性技术

因为塑料是一种相对较新的材料，所以它与当代社会的理念密切相关。塑料在现代科技和文化的发展中起到了明显的作用，但是它也一直是具有争议性的材料。塑料的技术进步一般遵循以下两条路径：性能提高和材料替代。性能提高要求相对其他的材料塑料能够更轻便、坚固、耐用、柔软以及不易褪色，而材料替代则指塑料的应用可以作为其他物质的模拟物。随着对废弃塑料难以降解的关注度的不断提高，现在出现了解决问题的第三种路径，即用新材料制造可以循环再利用的塑料，以及研发可以安全降解的生物塑料。

耐用而且轻便的蜂窝状塑料复合板现在被越来越多地应用在建筑材料上。这些复合板结构的两个表层是固体聚合物片材，如玻璃纤维和聚酯树脂熔铸的贴面，中间是由聚碳酸酯或铝制造的蜂巢状夹芯。这些高分子复合材料硬度高、重量轻，具有光传导性，尤其是它们可供选择的颜色和样式，这使得它们能够很好地应用到轻型结构之上，例如墙面、地板和工作台面。

性能提高不仅意味着在机械和美学上的改善，而且还涉及自我控制和调节——这是智能材料的标准。自修复高分子材料是指在结构上具有自动修复能力的高分子材料（受生态系统的启发，自修复塑料使用催化化学触发机制以及环氧树脂基体的微囊化的愈合剂。不断变大的裂缝会使微囊破裂，微囊便会通过毛细作用往裂缝中释放愈合剂）。

形状记忆聚合物是一种感应塑料，它能够从坚硬的状态变为弹性状态然后恢复到原来的形状，可以广泛运用于建筑结构、家具、模具、包装等。研究成果表明，感应表面层上有一种基于聚合物的控制光和通风的窗口，窗口在空气气压下降到低于理想水平时会增加气流量，这样就可以通过鳃状板条的打开和闭合来调节表面的形状。

塑料广泛运用于数字制造技术上，如3D打印技术。塑料也促进了可再生能源的利用。有机光伏（OPV）是用来导电和利用能量的高分子材料。尽管相对低效，POV却仍然广受欢迎，这是因为它可以较低的成本大规模生产。由OPV的多个纳米结构层制造的轻柔的薄膜在很多应用中能将光转化为能量。因为这种薄膜比传统的太阳能电池有更好的光谱灵敏度，所以它可以从所有的可见光光源中获得能量。将灵活和轻巧的POV能量采集系统安装到现有的建筑外立面上十分容易，这提高了低成本可再生能源的适用性。

因为塑料能够很快地传递和过滤光，由此促使新兴的高分子材料技术探索塑料在传播光方面的令人意想不到的新功能。塑料镜膜被设计用来实现光传输效率的最大化，虽然它是完全基于高分子材料来制造的，但这种高分子材料薄膜的光反射率可以超过99%，比任何金属的都高。银和铝是制作镜子最常用的金属，高分子材料薄膜相比银和铝更能精确地反映颜色。薄膜可以用在日光传输系统上，为黑暗的室内带来日光。其他值得注意的材料主要有能够根据视角的变换呈现透明或半透状态的聚酯薄膜、受夜间飞行蛾眼结构的启发而发明的防反射膜，以及利用光导管三维矩阵能将光传输到阴暗区域的高分子材料结构板。塑料自从发明以来，就一直被用来替代其他材料。塑料几乎可以以假乱真地替代象牙、漆器、棉花、木材、石材、金属等材料，只有在用手触摸的时候才能发现塑料和上述材料之间的区别。

用玉米以及其他主要农产品制造的高分子材料使更多基于可再生资源的塑料成为可能，例如旨在取代轻木的几丁质聚合物是从蘑菇中提取的，用来制造电脑和手机外壳的增强生物塑料材料来自于红麻纤维，用来制造电路的复合材料来自于大豆和鸡毛。

石油资源的稀缺以及不可避免的塑料垃圾处理问题催生了使用可再生材料制造的塑料，同时也促使越来越多的公司利用塑料垃圾制造各种产品。在精明的厂家眼中，废弃的光盘、聚碳酸酯水瓶、半透明的牛奶壶、聚苯乙烯食品包装、聚丙烯制造的地毯、聚酯磁带等废弃物在粉碎之后都是高分子原材料，厂家会不断赋予它们新用途，用来制造新的产品。

●图5-24　北京国家水上运动中心

### 5.7.2.3　创新性应用

塑料在建筑方面的应用是具有突破性意义的。合成高分子材料的发展使得塑料可以越来越多地替代建筑材料。在管道、壁板、门窗、防水层、墙面、家具以及各种涂料和黏合剂的身上都出现了塑料的影子，取代了传统木材、石材、陶瓷和金属等材料。这种现象在很大程度上是由经济利益驱动的，因为使用塑料产品取代原有的材料可以降低成本。

早期的高分子材料专家察觉到了公众对于塑料产品的不信任，由此专家们开始寻求改变塑料以往在人们心目中脆弱的形象——他们宣称塑料不再是"替代性材料"，而是把塑料定位为"人们依据自己的需求而去创造"的材料。事实上，塑料已经被开发出一些特有的性能，这增强了塑料的独特性。大多数应用在建筑上的塑料是在1931～1938年之间被发明的，而20世纪50年代之后塑料才开始在建筑中得到广泛应用。

●图5-25　哥本哈根音乐厅

利用轻质材料制造墙壁和孔板正在成为一种趋势，使用纯PMMA或PC制造的水平的、波浪形或者多层的片材，由于具备重量轻、透光、绝缘的优点，越来越受到人们的青睐。当用于大型建筑的基于纺织物外壳系统时，塑料展示了令人满意的环境效果，如PTW建筑设计事务所为2008年夏季奥运会设计的北京国家水上运动中心，这座建筑用到了充气ETFE包层（图5-24）。

源于塑料的纺织物也广泛用于防感染清洁外皮，如吉恩·诺威尔的哥本哈根音乐厅里的强化玻璃纤维PVC窗帘，它白天是一个色泽鲜明的纱罩，晚上是一个投影屏幕（图5-25）。

在应用上建筑师也赋予塑料第二次生命。

## 案例

### 隈研吾的奥利维茶室

如图5-26所示，隈研吾依据从透明性角度研究"负建筑"的想法提出一种动态的"可呼吸的建筑"的设想，这种建筑和环境会有互动式的交流，有时会屏住呼吸变得很小，有时可深呼吸而变大。

这个临时可移动的茶室是由5mm×65mm的波纹塑料板间隔排列在一起的。固定材料使用到了捆扎带，一旦松开，茶室便可拆解成为简单的单元组件。项目使用了由聚酯线链接在一起的双层膜结构，中间充上气，形成可控的体量。

●图5-26　奥利维茶室

## 5.8 其他材料的发展及应用创新

### 5.8.1 通风材料

根据最新的研究显示，有一种新研制的特殊窗框及其开合装置是当前比较有潜力的产品之一。它能够从窗框的底部过滤外界空气，然后再将空气从底部引入室内。这种独特的处理方式能够保持空气流动速度的稳定，避免过高的气流感产生。除此之外，窗框内置的噪声吸收板可以有效地排出冷凝水，并对空气进行过滤。但是这些机制启用的前提是要满足一定的压力差，主要是以风和气体动力之间的作用面积来形成压力差。这种材料组成的结构还有一个显著的特点是使用者可以通过总线系统和计算机掌握能源消耗的情况，并能详细了解不同通风条件下的消耗情况。

### 5.8.2 保温隔热及吸声隔声材料

传统保温材料的厚度比较大，所以在外观上缺少雅致的感觉。主要有以下几个问题：窗洞的加深、层间距的缩减等。然而新材料真空隔热板可以有效、轻松地解决这个问题。首先，隔热板的厚度相对来说会薄很多，而且能够减少对环境的污染。其次，在隔热层的外部裹有金属和纸质，将壳间的空气抽取出来，往内部填充纤维、泡沫塑料和硅酸盐，使其形成真空。采用这种新材料可以将厚度从200mm压缩至50mm左右。由此可见，作为一种新型的保温材料，它有着广阔的发展前景。随着现代科学技术的不断发展，玻璃材料的保温技术也在逐渐兴起，得到大众的青睐，如吸热玻璃、调光玻璃等。建筑设计者可以利用这些材料的不同特征，将它们组合成不同的构造形式，以实现有效的保温和采光要求。

### 5.8.3 结构技术和材料技术的综合应用

现在是一个数字信息时代，建筑材料正在朝着高科技的方向发展，新材料的种类也在变得更加复杂化、丰富化，另外结构技术也发生了巨大的变化。这种改变可以使得建筑空间造型有更多的空间得以发展，不受到材料和结构的限制。传统的建筑结构是以木质为主，受不断创新的科技影响，正逐渐变为钢筋混凝土结构，到如今的充气结构，随着新技术的不断研发和引入，使得建筑的造型有了前所未有的发展。

例如，数字技术的成熟及普及大大降低了个性化建筑设计的成本，从而解放了现代主义以来被工业化和规范化思潮统治多年的审美准则，宣告了大众定制时代的来临。建筑表皮作为建筑设计当中自由度最高的环节，从20世纪70年代开始，便成为了各种个性化数字设计的实验田。从单纯的形式创新、结构分析，到节能环保和信息媒介，表皮设计至今仍处于数字化建筑设计领域的前沿阵地，并在多种建筑类型（住宅、商业、公共建筑等）当中都有广泛的实践。

数字技术对于建筑表皮设计的影响首当其冲的便是形体和材质方面的创新。计算机强大的设计软件不仅帮助设计师拥有了更多不规则的几何形式作为造型工具，更允许造型中有更多细节方面的微调。

位于美国旧金山的笛洋美术馆新馆（图5-27）是为替代在1989年地震中受到严重损毁的原美术馆建造的。除却大胆的造型，笛洋美术馆新馆最为人称道的是其充满想象力的表皮设计。整个建筑表面全部由纯铜板覆盖，并使用CNC（Computerized Numerical Control，计算机数控）激光切割技术，在铜板上切割出精心设计的不规则图案，使得铜板这种原本沉重的不透明的材料具有了纱网一般的半透明效果。铜材料不规律的氧化反应随着天气的变化和时间的流逝赋予了建筑物变化多端的质感，将时光的流逝清晰地呈现在世人面前。每当阳光穿透湾区层层的雾霭到达建筑物的表面时，尚未被氧化侵蚀铜质的表皮反射出金色的光芒分外夺目。

● 图5-27　美国旧金山笛洋美术馆新馆

## 5.9　建筑设计中的新技术

### 5.9.1　机器人群构造

哈佛大学研究人员向大自然取经，发展建筑领域的创新方法。例如，白蚁，即使没有中央监管，白蚁也可以建造大型建筑物。白蚁首先将一块土带到第一个施工位置。如果这个位置已经完成，它们只需要简单地移动到下一个位置。

TERMES项目采用相同的群建筑理念，但他们使用的是小型机器人。这些简单的、廉价的机器人可根据最初设计，将一块物质放置在下一个可用的空间，直至结构完成，以此来建造结构。这意味着，在最初设计之后，群几乎不需要人类干预（图5-28）。

这种群对于在太空或水下等危险地方建造结构而言，将是非常理想的。它们还可以干那些很浪费人力时间的粗活。因为它们是自我引导的，所以可以比人类更高效。

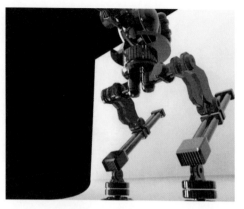

● 图5-28　机器人群构造

### 5.9.2 智能砖

只要看到KiteBricks开发的智能砖（图5-29），你就能看出它的灵感来自于乐高。这种砖头可以在顶部旋转，连接方式酷似乐高。这种智能砖可以固定在有钢筋的地方，不同形状的砖块根据设计堆叠。

● 图5-29　KiteBricks开发的智能砖

砖头之间的连接不是采用水泥，而是强效双面胶。建筑内部，可以用这种砖头来连接那些有图案的交替面板，减少石膏和涂料的使用。还可以作为地板和天花板，中间留有空隙，供通过绝缘、水管、电线等。

这种砖具有更好的热能控制，施工当中具有更多用途，可以节约建筑成本50%左右。

### 5.9.3 智能混凝土

洪水泛滥时将没有足够的地方来进行排水，而城市里可吸收水分的土壤很少，也就使这种情况变得更糟。英国Tarmac公司发明了一种具有渗透性的Topmix Permeable沥青，可用于减少水患。

● 图5-30　智能混凝土

大多数混凝土都可以让部分水渗到地下，但每小时只能渗透大约300mm（1ft）。Topmix每小时可渗透36000mm（118ft），即每分钟3300L。

不像大多数混凝土那样使用沙子，Topmix使用的是花岗石碎片。水可以从花岗石当中渗过，从而被地面吸收，进入下水道，或者是收集起来。除了减少水患以外，Topmix还可以保持路面干燥，使其更加安全（图5-3）。此外，渗入地下的水可以转移到水库，以重复利用。

透水混凝土只能在那些不太冷的地方使用。寒冷的天气会使这种混凝土膨胀，最终被破坏。另外，它也比传统混凝土施工费用要高。但要是可以减少水患的话，长此以往可以节省不少支出。

### 5.9.4 垂直城市

● 图5-31　垂直城市

根据联合国的预测，2050年地球人口将超过96亿。此外，据估计世界人口的75%将生活在城市，这就引发出了一个复杂的问题：城市空间不足。

解决这一问题的方法之一是建设垂直城市。

这种垂直城市会是庞大的建筑物，提供住宅、工作场所以及购物休闲场所（图5-31）。如意大利Luca Curci Architects建筑公司将在阿联酋建造一座189层的建筑。这将可容纳25000人，建筑内有商店和企业，人们不需要离开这个建筑，从而就解决了空间问题，并减少了居民的碳足迹。

### 5.9.5 太阳能涂料

太阳能电池板体积大、笨重、不够美观。为了改善这些，一些研究人员正在生产小的、柔性的、可以涂在表面的太阳能电池。事实上，加拿大阿尔伯塔大学（University of Alberta）的一个研究小组已经研制出了一种含有锌和磷纳米颗粒的喷雾式太阳能电池（图5-32）。

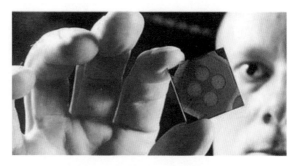

● 图5-32　喷有太阳能涂料的电池

如果可以在房顶上喷涂这种太阳能涂料，那它产生的能量将足以供家庭之用，减少对化石燃料的依赖，且不需进行改造，因此最大限度地减少了施工。同时，太阳能涂料比传统太阳能电池板便宜得多。这种涂料太阳能电池的效率还不够高，但研究人员正试图解决这个问题。

### 5.9.6 无线缆多向电梯

大型设施的一个大问题就是如何有效地利用它们。我们知道一部电梯只有一个电梯轿厢，如果你曾经在大型建筑中使用过电梯，你就一定知道有时候需要等很长时间才能等到电梯。一家德国电梯公司正在想办法解决这个难题。他们希望使用磁悬浮技术来代替电缆的方式，这将使得轿厢可以在水平方向和垂直方向上进行移动，同时也可以允许多辆轿厢运行，从而减少等待时间。最终，这种磁悬浮电梯将会使用更少的能量，从而更加环保（图5-33）。

● 图5-33　无线缆多向电梯

### 5.9.7 道路打印机

铺设道路是一个漫长的过程。平均来讲，一位熟练的工人每天可以铺设100m²的道路。使用道路打印机有望缩短铺路周期。例如"老虎石铺路机"，每天可以铺设300m²的道路。另

●图5-34　道路打印机

一种是RPS的道路打印机，每天可以铺设500m²的道路。每台机器需要1～3名操作人员。这种打印机由电力驱动，并且没有很多的移动部分，这使得它们可以很容易地进行操作和维护。不仅如此，和传统的铺路方法相比，它们的噪声很小（图5-34）。

### 5.9.8 气凝胶绝缘材料

气凝胶并不是一种新材料。事实上，在20世纪20年代就有人开始研究这种材料，并在1932年被成功制备。通过将凝胶中的液体去除，同时加入空气可以形成这种气凝胶绝缘材料（图5-35）。这种材料非常轻，因为其中90%都是空气。而且这种材料的绝缘性能非常好。气凝胶可用于工业区制作绝缘管道，甚至可用于制作火星探测器。Aspen Aerogels希望采用这种气凝胶技术来构建家居绝缘。他们创造了一种产品叫作"空间阁楼毛毯"，这种产品非常轻，且非常薄。除此之外，这种毛毯比传统绝缘材料的性能高2～4倍。"空间阁楼毛毯"也允许水蒸气通过它们，而且它们也可以防火，因此这种绝缘材料可以减少居民火灾。但是气凝胶的价格要远高于传统绝

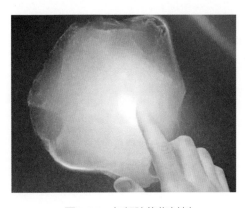

●图5-35　气凝胶绝缘材料

缘材料，而从长远来看它可以节约成本和能量。

### 5.9.9 金刚石纳米线

正如我们所知，金刚石是自然界最坚硬的材料。如果其具有正确的形式，那么金刚石就可以成为很好的建筑材料。宾夕法尼亚大学的研究人员创造了一种金刚石纳米线（图5-36），其直径只有人类头发的两万分之一，被认为是世界上最强韧的材料。除此之外，它们也非常轻。这些金刚石纳米线或许不能用于建造普通建筑，但是它们可用于建造一些特殊的建筑，例如太空电梯等。

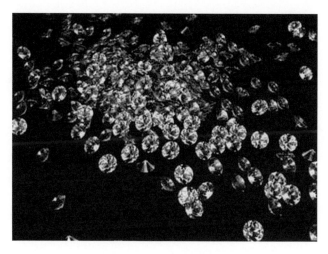

●图5-36 金刚石纳米线

### 5.9.10 竹城

大多数西方人将斑竹视为一种装饰材料。但实际上这是一种非常好的建筑材料。斑竹生长非常快，且强度比钢还高，比水泥更坚韧，这也是为什么工作室Penda想要使用斑竹作为主要建筑材料来建造整个城市。这样的城市将会是可持续发展的、环境友好的且价格便宜。通过将斑竹放置在一起，制造一种X形链接，然后将它们绑在一起就可以建造房屋。通过使用这种技术，Penda认为到2023年他们可以建造供20万人居住的房屋。一旦这种结构可以完成，附加部分就很容易完成，无论是水平方向还是垂直方向。同时，整个房间的解构也非常轻松，且拆卸部分还可以循环利用。

### 5.9.11 3D 打印

3D打印技术会为现代社会带来一场革命。2018年初，一座代表着3D打印建筑成功的小型的混凝土房屋问世，这座小屋将会改变全球贫困人口无房可住的现状。

这种房屋的亮点并不在于结构或材料上，而是在设计和建造过程。它是由 Vulcan打印机3D打印出来的，只需12～24h即可完成，并且使用的材料都是最常见的建筑材料。

3D打印的房屋项目将产生最少的浪费，劳动力成本也将大大降低，按照计划，该公司可于一年之内在美国加利福尼亚州的 El salvador建成一个包括大约100幢房屋的社区。这是解决住房短缺问题的一个有力方案。2018年3月12日，德克萨斯州奥斯汀市正式建造了第一个官方3D打印房屋原型（图5-37），并将试用该模型作为办公室，以测试其实际使用情况，一旦该公司完成材料测试并调整设计，将会将3D打印房屋业务推向市场。

●图5-37　第一个官方3D打印房屋原型

# 06

# 建筑设计中的
# 人体工程学

建筑空间主要为人所使用，建筑活动的根本目的是为人类的生活、工作、生产等社会活动创造良好的空间环境，为此，建筑设计人员需要对"人"有一个科学全面的了解。

人体工程学通过对人的生理和心理的正确认识，为建筑设计提供大量的科学依据，使建筑空间环境设计能够精确化，从而进一步适应人类生活的需要。

# 6.1 人体工程学概述

## 6.1.1 人体工程学的概念

人体工程学是一门新兴的科学，同时又具有古老的渊源。公元前1世纪，罗马建筑师维特鲁威从人体各部位的关系中发现，人体基本上以肚脐为中心，双手侧向平伸的长度恰好就是其身高（图6-1）。

人体工程学始于第二次世界大战，主要服务于军事武器设计，探求人与机械之间的协调关系。之后，行为学家、心理学家、生理学家等组建了研究机构，对人类的心理学、生理学、工效学等科学进行了研究，建立了人机工程学这门学科。

按照国际工效学会所下的定义，人体工程学是一门"研究人在某种工作环境中的解剖学、生理学和心理学等方面的各种因素；研究人和机器及环境的相互作用；研究在工作中、家庭生活中和休假时怎样统一考虑工作效率、人的

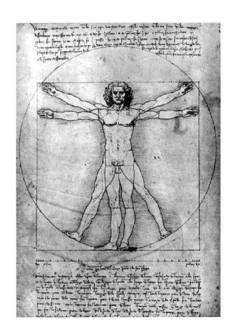

●图6-1 罗马建筑师维特鲁威的人体尺度

健康、安全和舒适等问题的科学"。日本千叶大学小原教授认为：人体工程学是探知人体的工作能力及其极限，从而使人们所从事的工作趋向适应人体解剖学、生理学、心理学的各种特征。

## 6.1.2 人体工程学的内容

人体工程学是由六门分支学科组成的，即人体测量学、生物力学、劳动生理学、环境生理学、工程心理学、时间与工作研究，与建筑相关的主要为人体测量学、环境生理学。

# 6.2 人体尺度

当建筑师为自己或者为他人做建筑设计时，都是从人体的尺寸开始的。人们如何通过一个空间，如何体验它、使用它，其中一个决定性的因素就是人的身体尺寸与空间的基本关系。例如，你设计的椅子是否舒服，取决于你的身体与椅子的关系。基本上，我们可运用两类量度来理解和设计人为环境，一类是"手的量度"，大多数的家具，细部都是以这些量度制作的；第二类量度是"身体的量度"，适合于身体及其运动的量度，在设计门、窗、椅子、室内空间的高度时需要考虑这类量度。用你自己作为测定人为空间环境的依据，只有首先理解了你自己的尺寸，才容易理解他人的不同尺寸；只有首先理解了你自己的要求，才容易理解他人的不同要求。

## 6.2.1 尺寸的分类

人体的尺寸和比例，影响着我们使用的物品的比例，影响着我们要触及的物品高度和距离，也影响着我们用以坐卧、饮食和休息的家具尺寸。我们的身体结构尺寸和日常生活所需的尺寸要求之间有所不同。

尺寸一般如下分为两大类：构造尺寸和功能尺寸。

（1）构造尺寸

构造尺寸是人体处于固定的标准状态下测量的，主要是指人体的静态尺寸。如身高、坐高、肩宽、臀宽、手臂长度等，它和与人体有直接关系的物体有较大关系（图6-2、图6-3，表6-1～表6-3）。

153

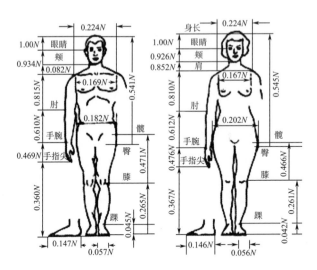

●图6-2　我国成年人的身体尺寸比例

N—身高

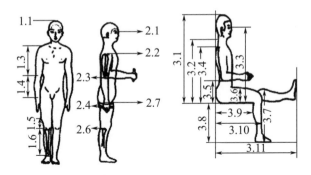

●图6-3　立姿与坐姿人体静态尺寸

表6-1　立姿人体尺寸　　　　　　　　　　单位：mm

| 年龄分组 | 男（18～60岁） | | | | | | | 女（18～55岁） | | | | | | |
|---|---|---|---|---|---|---|---|---|---|---|---|---|---|---|
| 百分位数 | 1 | 5 | 10 | 50 | 90 | 95 | 99 | 1 | 5 | 10 | 50 | 90 | 95 | 99 |
| 2.1 眼高 | 1436 | 1474 | 1495 | 1568 | 1643 | 1664 | 1705 | 1337 | 1371 | 1388 | 1454 | 1522 | 1541 | 1579 |
| 2.2 肩高 | 1244 | 1281 | 1299 | 1367 | 1435 | 1455 | 1494 | 1166 | 1195 | 1211 | 1271 | 1333 | 1350 | 1385 |
| 2.3 肘高 | 925 | 954 | 968 | 1024 | 1079 | 1096 | 1128 | 873 | 899 | 913 | 960 | 1009 | 1023 | 1050 |
| 2.4 手功能高 | 656 | 680 | 693 | 741 | 787 | 801 | 828 | 630 | 650 | 662 | 704 | 746 | 757 | 778 |

续表

| 年龄分组 | 男（18～60岁） | | | | | | | 女（18～55岁） | | | | | | |
|---|---|---|---|---|---|---|---|---|---|---|---|---|---|---|
| 百分位数 | 1 | 5 | 10 | 50 | 90 | 95 | 99 | 1 | 5 | 10 | 50 | 90 | 95 | 99 |
| 2.5 会阴高 | 701 | 728 | 741 | 790 | 840 | 856 | 887 | 648 | 673 | 686 | 732 | 779 | 792 | 819 |
| 2.6 胫骨点高 | 394 | 409 | 417 | 444 | 472 | 481 | 498 | 363 | 377 | 384 | 410 | 437 | 444 | 459 |

表6-2　坐姿人体尺寸　　　　　　　　　　单位：mm

| 年龄分组 | 男（18～60岁） | | | | | | | 女（18～55岁） | | | | | | |
|---|---|---|---|---|---|---|---|---|---|---|---|---|---|---|
| 百分位数 | 1 | 5 | 10 | 50 | 90 | 95 | 99 | 1 | 5 | 10 | 50 | 90 | 95 | 99 |
| 3.1 坐高 | 836 | 858 | 870 | 908 | 947 | 958 | 979 | 789 | 809 | 819 | 855 | 891 | 901 | 920 |
| 3.2 坐姿颈椎点高 | 599 | 615 | 624 | 657 | 691 | 701 | 719 | 563 | 579 | 587 | 617 | 648 | 657 | 675 |
| 3.3 坐姿眼高 | 729 | 749 | 761 | 798 | 836 | 847 | 868 | 678 | 695 | 704 | 739 | 773 | 783 | 803 |
| 3.4 坐姿肩高 | 539 | 557 | 566 | 598 | 631 | 641 | 659 | 504 | 518 | 526 | 556 | 585 | 594 | 609 |
| 3.5 坐姿肘高 | 214 | 228 | 235 | 263 | 291 | 298 | 312 | 201 | 215 | 223 | 251 | 277 | 284 | 299 |
| 3.6 坐姿大腿厚 | 103 | 112 | 116 | 130 | 146 | 151 | 160 | 107 | 113 | 117 | 130 | 146 | 151 | 160 |
| 3.7 坐姿膝高 | 441 | 456 | 461 | 493 | 523 | 532 | 549 | 410 | 424 | 431 | 458 | 485 | 493 | 507 |
| 3.8 小腿加足高 | 372 | 383 | 389 | 413 | 439 | 448 | 463 | 331 | 342 | 350 | 382 | 399 | 405 | 417 |
| 3.9 坐深 | 407 | 421 | 429 | 457 | 486 | 494 | 510 | 388 | 401 | 408 | 433 | 461 | 469 | 485 |
| 3.10 臀膝距 | 499 | 515 | 524 | 554 | 585 | 595 | 613 | 481 | 495 | 502 | 529 | 561 | 570 | 587 |
| 3.11 坐姿下肢长 | 892 | 921 | 937 | 992 | 1046 | 1063 | 1096 | 826 | 851 | 865 | 912 | 960 | 975 | 1005 |

表6-3　人体主要尺寸　　　　　　　　　　单位：mm

| 年龄分组 | 男（18～60岁） | | | | | | | 女（18～55岁） | | | | | | |
|---|---|---|---|---|---|---|---|---|---|---|---|---|---|---|
| 百分位数 | 1 | 5 | 10 | 50 | 90 | 95 | 99 | 1 | 5 | 10 | 50 | 90 | 95 | 99 |
| 1.1 身高 | 1543 | 1583 | 1604 | 1678 | 1754 | 1775 | 1814 | 1449 | 1484 | 1503 | 1570 | 1640 | 1659 | 1697 |
| 1.2 体重 /kg | 44 | 48 | 50 | 59 | 70 | 75 | 83 | 39 | 42 | 44 | 52 | 63 | 66 | 71 |
| 1.3 上臂长 | 279 | 289 | 294 | 313 | 333 | 338 | 349 | 252 | 262 | 267 | 284 | 303 | 302 | 319 |
| 1.4 前臂长 | 206 | 216 | 220 | 237 | 253 | 258 | 268 | 185 | 193 | 198 | 213 | 229 | 234 | 242 |
| 1.5 大腿长 | 413 | 428 | 436 | 465 | 496 | 505 | 523 | 387 | 402 | 410 | 438 | 467 | 476 | 494 |
| 1.6 小腿长 | 324 | 338 | 344 | 369 | 396 | 403 | 419 | 300 | 313 | 319 | 344 | 370 | 375 | 390 |

人机工程学中的百分位数是指人体测量的数据常以百分数 $Pk$ 作为一种位置指标，一个界值，一个百分位数将群体或者样本的全部测量值分为两部分，有 $K\%$ 的测量值等于和小于它，有（$100-K$）% 的测量值大于它。例如在设计中最常用的是 P5、P50、P95 三种百分位数，其中第 5 百分位数代表"小"身材，是指有 5% 的人群身材小于此值，而有 95% 的人群身材尺寸均大于此值；第 50 百分位数表示"中"身材，是指大于和小于此人群身材尺寸的各为50%；第 95 百分位数代表"大"身材，是指有 95% 的人群身材尺寸均小于此值，而有 5% 的人群身材尺寸大于此值。

无论是座椅设计还是其他生活用品设计，都要符合人体的基本主要尺寸，GB 10000—88是 1989 年 7 月开始实施的我国成年人人体尺寸国家标准，建议参照其数据进行设计，建议用第 5 百分位数和第 95 百分位数去设计座椅各个部位。

### （2）功能尺寸

功能尺寸指动态的人体尺寸，是人在进行某种功能活动时肢体所能达到的空间范围。它是在动态的人体状态下测得，是由关节的活动、转动所产生的角度与肢体的长度协调产生的范围尺寸，它对于解决许多带有空间范围、位置的问题很有用。较常使用的有人体基本动作的尺度，按其工作性质和活动规律，可分为站立姿势、坐椅姿势、跪坐姿势和躺卧姿势。其中坐椅姿势包括依靠、高坐、矮坐、工作姿势、稍息姿势、休息姿势等；跪坐姿势分为盘腿坐、蹲、单腿跪立、双膝跪立、直跪坐、爬行、跪端坐等；躺卧姿势分为俯伏撑卧、侧撑卧、仰卧等（图6-4）。

身体各部分活动角度范围见表6-4，受限作业空间见图6-5和表6-5。

表6-4　身体各部分活动角度范围

| 身体部位 | 活动关节 | 动作代号 | 动作方向 | 动作角度/（°） |
|---|---|---|---|---|
| 头 | 脊柱 | 1 | 向右转 | 55 |
| | | 2 | 向左转 | 55 |
| | | 3 | 屈曲 | 40 |
| | | 4 | 极度伸展 | 50 |
| | | 5 | 向右侧弯曲 | 40 |
| | | 6 | 向左侧弯曲 | 40 |
| 肩胛骨 | 脊柱 | 7 | 向右转 | 40 |
| | | 8 | 向左转 | 40 |

续表

| 身体部位 | 活动关节 | 动作代号 | 动作方向 | 动作角度/（°） |
|---|---|---|---|---|
| 臂 | 肩关节 | 9 | 外展 | 90 |
| | | 10 | 抬高 | 40 |
| | | 11 | 屈曲 | 90 |
| | | 12 | 向前抬高 | 90 |
| | | 13 | 极度伸展 | 45 |
| | | 14 | 内收 | 140 |
| | | 15 | 极度伸展 | 40 |
| | | 16 | 外展旋转（内观） | 90 |
| | | 17 | 外展旋转（外观） | 90 |
| 手 | 腕 | 18 | 手背向屈曲 | 65 |
| | | 19 | 手掌向屈曲 | 75 |
| | | 20 | 内收 | 30 |
| | | 21 | 外展 | 15 |
| | | 22 | 掌心朝上 | 90 |
| | | 23 | 掌心朝下 | 80 |
| 腿 | 髋关节 | 24 | 内收 | 40 |
| | | 25 | 外展 | 45 |
| | | 26 | 屈曲 | 120 |
| | | 27 | 极度伸展 | 45 |
| | | 28 | 屈曲时回转（外观） | 30 |
| | | 29 | 屈曲时回转（内观） | 35 |
| 小腿 | 膝关节 | 30 | 屈曲 | 135 |
| 足 | 踝关节 | 31 | 内收 | 45 |
| | | 32 | 外展 | 50 |

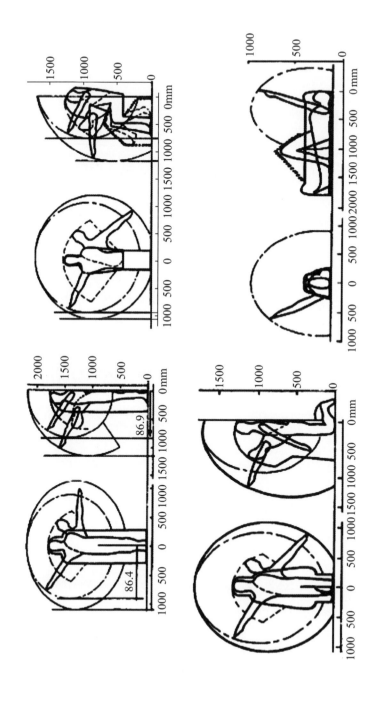

●图6-4　立姿、坐姿、单腿跪姿及仰卧姿势手部动作的最大界限

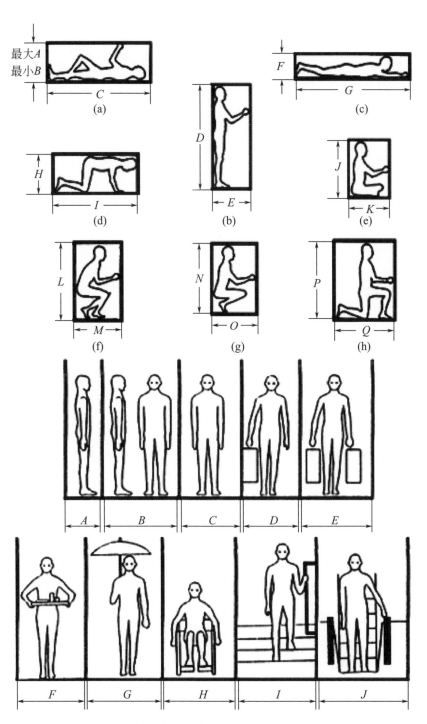

●图6-5　受限作业空间和通道空间

159

表6-5　受限作业空间尺寸　　　　　　　　　单位：mm

| 代号 | A | B | C | D | E | F | G | H | I | J | K | L | M | N | O | P | Q |
|---|---|---|---|---|---|---|---|---|---|---|---|---|---|---|---|---|---|
| 高身材男 | 640 | 430 | 1980 | 1980 | 690 | 510 | 2440 | 740 | 1520 | 1000 | 690 | 1450 | 1020 | 1220 | 790 | 1450 | 1220 |
| 中身材男、高身材女 | 640 | 420 | 1830 | 1830 | 690 | 450 | 2290 | 710 | 1420 | 980 | 690 | 1350 | 910 | 1170 | 790 | 1350 | 1120 |

通道的空间尺寸见表6-6。

表6-6　通道的空间尺寸　　　　　　　　　单位：mm

| 代号 | A | B | C | D | E | F | G | H | I | J |
|---|---|---|---|---|---|---|---|---|---|---|
| 静态尺寸 | 300 | 900 | 530 | 710 | 910 | 910 | 1120 | 760 | 单向 760 | 610 |
| 动态尺寸 | 510 | 1190 | 660 | 810 | 1020 | 1020 | 1220 | 910 | 双向 1220 | 1020 |

## 6.2.2　人体尺寸的差异

上述的人体尺寸是指平均尺寸，但是人体的尺寸因人而异，因此不能当作一个绝对的度量标准，我们还要了解人体的尺寸存在以下的差异。

**（1）种族差异**

不同的国家、不同的种族，由于地理环境、生活习惯、遗传特质的不同，从而导致人体尺寸的差异十分明显。身高从越南人的160.5cm到比利时人的179.9cm，高差竟达19.4cm。中国成年男性标准身高169.22cm，华东地区成年男子标准身高171.38cm。

**（2）世代差异**

我们在过去100年中观察到生长加快（加速度）是一个特别的问题，子女们一般比父母长得高，这个问题在总人口的身高平均值上也可以得到证实。欧洲的居民预计每10年身高增加10～14mm。因此，若使用三四十年前的数据会导致相应的错误。

**（3）年龄的差异**

年龄造成的差异也很重要，体型随着年龄变化最为明显的时期是青少年期。一般来说，青年人比老年人身高高一些，老年人比青年人体重重一些。在进行某项设计时必须经常判断与年龄的关系，是否适用于不同的年龄。

**（4）性别差异**

3～10岁这一年龄阶段男女的差别极小，同一数值对两性均适用，两性身体尺寸的明显差别是从10岁开始的。一般女性的身高比男性低10cm左右，但不能像习惯做法那样，把女性按较矮的男性来处理。调查表明，女性与身高相同的男性相比，身体比例是完全不同的，女性臀宽肩窄，躯干较男性为长，四肢较短，在设计中应注意到这些差别。

**（5）残疾人**

① 乘轮椅患者。在设计中首先假定坐轮椅对四肢的活动没有影响，活动的程度接近正常人，而后，重要的是决定适当的手臂能够得到的距离和各种间距以及其他的一些尺寸，这些就必须要将人和轮椅一并考虑。

② 能走动的残疾人。对于能走动的残疾人而言，必须考虑他们是使用拐杖、手杖、助步车、支架，还是用狗帮助行走，这些都是病人功能需求的一部分。因而为了更人性化的设计，除了要知道一些人体测量数据之外，还应该把这些工具当作一个整体来考虑。

## 6.2.3 常用的人体、家具和建筑有关的尺寸

学习建筑设计的设计师和学生可以通过自身的测绘和观察逐步掌握人体基本动作尺寸、人体活动所占空间尺度、人与桌、椅的尺寸等。大家还需要通过测绘了解人体尺度与建筑空间与设施的关系，如走廊、门窗、楼梯与浴卫等，更多的信息可以参考《建筑设计资料集（1）》。

从上述内容中可以看出，人体尺寸影响着我们活动和休息所需要的空间体积。当我们坐在椅子上，倚靠在护栏上或寄身亭榭空间中时，空间形式和尺寸与人体尺寸的适应关系可以是静态的。而当我们步入建筑物大厅、走上楼梯或穿过建筑物的房间与厅堂时，这种适应关系则是动态的。因此我们必须明白空间还需要满足我们保持合适的社交距离的需要，以及帮助我们控制个人空间。

**（1）楼梯尺寸**

楼梯尺寸见图6-6～图6-9，以及表6-7、表6-8。

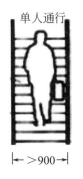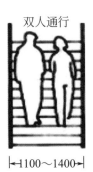

● 图6-6　楼梯的宽度

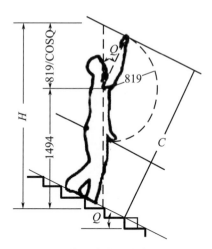

● 图6-7 梯段净高、净空尺寸关系

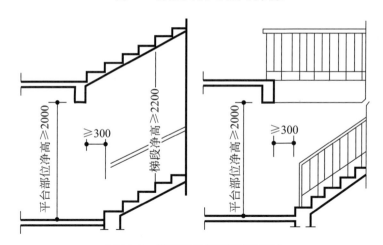

● 图6-8 梯段及平台部位净高要求

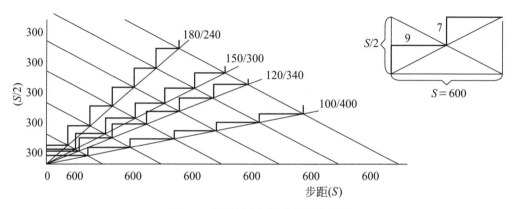

● 图6-9 楼梯坡度与踏步尺寸的关系

表6-7　梯段净高及净空尺寸计算　　　　　　　　　单位：mm

| 踏步尺寸 | 130×340 | 150×300 | 170×260 | 180×240 |
|---|---|---|---|---|
| 梯段坡度Q | 20°54′ | 26°30′ | 33°12′ | 36°52′ |
| 梯段净高H | 2360 | 2400 | 2470 | 2510 |
| 梯段净空C | 2150 | 2080 | 1990 | 1940 |

表6-8　常用适宜踏步尺寸　　　　　　　　　　单位：mm

| 名称 | 住宅 | 学校、办公楼 | 剧院、会堂 | 医院（病人用） | 幼儿园 |
|---|---|---|---|---|---|
| 踏步高 | 156～175 | 140～160 | 120～150 | 150 | 120～150 |
| 踏步宽 | 250～300 | 280～340 | 300～350 | 300 | 260～300 |

（2）起居室尺寸

① 起居室的处理要点

a.起居室是人们日间的主要活动场所，平面布置应按会客、娱乐、学习等功能进行区域划分。

b.功能区的划分与通道应避免干扰。

② 起居室常用人体尺度。起居室空间尺寸见图6-10。

（3）普通办公室尺寸

① 普通办公室处理要点

a.传统的普通办公室空间比较固定，如为个人使用则主要考虑各种功能的分区，既要分区合理又应避免过多走动。

b.如为多人使用的办公室，在布置上则首先应考虑按工作的顺序来安排每个人的位置及办公设备的位置。应避免相互的干扰。其次，室内的通道应布局合理，避免来回穿插及走动过多等问题出现。

② 普通办公室功能分析。普通办公室功能分析如图6-11所示。

普通办公室尺寸如图6-12所示，普通办公室布置间距如图6-13所示。

（4）餐厅尺寸

餐厅功能分析如图6-14所示，餐厅空间尺寸如图6-15所示。

（5）学校课桌尺寸

学校课桌布置空间尺寸见图6-16，以及表6-9、表6-10。

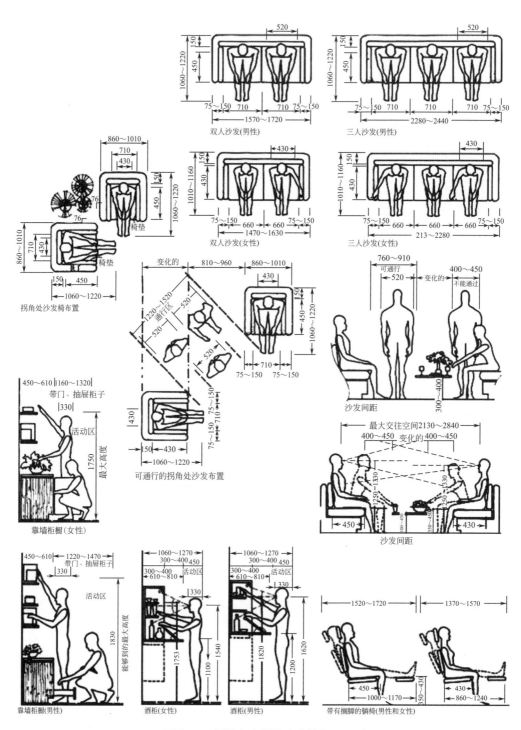

● 图6-10  起居室空间尺寸（单位：mm）

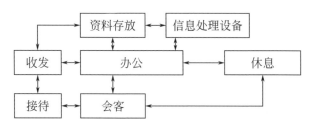

● 图6-11　普通办公室功能分析

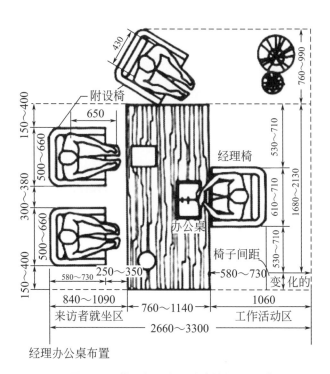

● 图6-12　普通办公室尺寸（单位：mm）

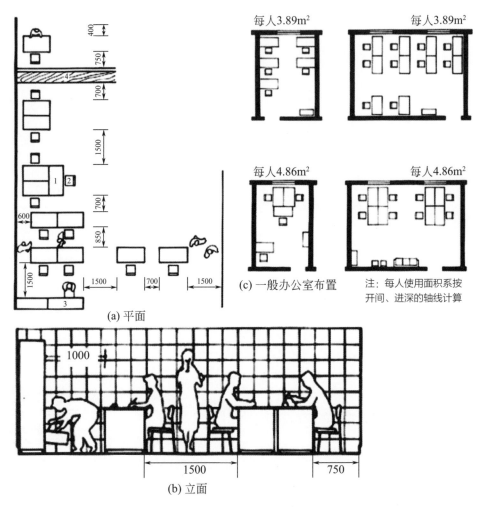

(a) 平面

每人3.89m²　　　　　每人3.89m²

每人4.86m²　　　　　每人4.86m²

(c) 一般办公室布置

注：每人使用面积系按
开间、进深的轴线计算

(b) 立面

●图6-13　普通办公室布置间距（单位：mm）
1—办公桌；2—办公椅；3—文件柜；4—矮柜

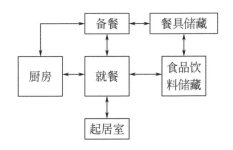

●图6-14　餐厅功能分析

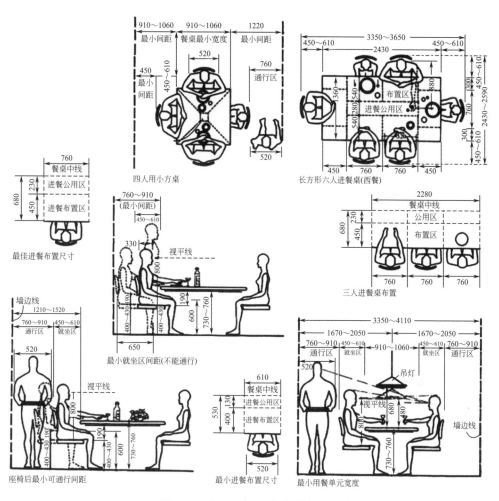

● 图6-15　餐厅空间尺寸（单位：mm）

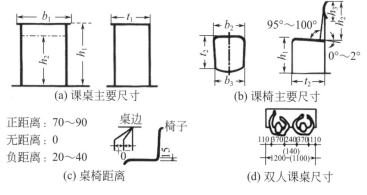

(a) 课桌主要尺寸

(b) 课椅主要尺寸

正距离：70～90
无距离：0
负距离：20～40

(c) 桌椅距离

(d) 双人课桌尺寸

● 图6-16　学校课桌布置空间尺寸（单位：mm）

表6-9　课桌功能尺寸　　　　　　　　　　　　　单位：mm

| 型号及颜色标记 | 桌高$h_1$ | 桌下空区高$h_2$ | 桌面宽度$b_1$ | | 桌面深度$t_1$ |
|---|---|---|---|---|---|
| | | | 单人间 | 双人间 | |
| 1号白 | 760 | 620以上 | 550～600 | 1000～1200 | 380～420 |
| 2号绿 | 730 | 580以上 | 550～600 | 1000～1200 | 380～420 |
| 3号白 | 700 | 560以上 | 550～600 | 1000～1200 | 380～420 |
| 4号红 | 670 | 550以上 | 550～600 | 1000～1200 | 380～420 |
| 5号白 | 640 | 520以上 | 550～600 | 1000～1200 | 380～420 |
| 6号黄 | 610 | 490以上 | 550～600 | 1000～1200 | 380～420 |
| 7号白 | 580 | 460以上 | 550～600 | 1000～1200 | 380～420 |
| 8号紫 | 550 | 430以上 | 550～600 | 1000～1200 | 380～420 |
| 9号白 | 520 | 400以上 | 550～600 | 1000～1200 | 380～420 |

注：课桌的主要尺寸应符合图及表的要求。桌面宽度如用作教室进深设计的根据时，单人用课桌，小学生用应大于550mm，中学生用应大于600mm，双人桌加倍。

表6-10　课椅功能尺寸　　　　　　　　　　　　　单位：mm

| 型号及颜色标记 | 椅面高$h_3$ | 椅面有效深度$t_2$ | 椅面宽度$b_2$ | 靠背上缘距椅面高$h_4$ | 靠背上下缘间距$h_5$ | 靠背宽度$b_3$ |
|---|---|---|---|---|---|---|
| 1号白 | 430 | 380 | 340以上 | 320 | 100以上 | 300以上 |
| 2号绿 | 420 | 380 | 340以上 | 310 | 100以上 | 300以上 |
| 3号白 | 400 | 380 | 340以上 | 300 | 100以上 | 300以上 |
| 4号红 | 380 | 340 | 320以上 | 290 | 100以上 | 280以上 |
| 5号白 | 360 | 340 | 320以上 | 280 | 100以上 | 280以上 |
| 6号黄 | 340 | 340 | 320以上 | 270 | 100以上 | 280以上 |
| 7号白 | 320 | 290 | 270以上 | 260 | 100以上 | 250以上 |
| 8号紫 | 300 | 290 | 270以上 | 250 | 100以上 | 250以上 |
| 9号白 | 290 | 290 | 270以上 | 240 | 100以上 | 250以上 |

注：源自GB 3976—83。

### 6.2.4 比例及比例系统

在了解空间的大小是与人体尺寸密切相关的基础上，我们还需要了解空间尺寸中一个部分与另一个部分或者与整体之间的关系，这种关系就是比例。比例不仅反映空间重要性的大小，还表明数量的大小与级别的高低。

如果一个空间需要40m²的面积,那么它应该具有什么样的尺度呢?长、宽、高的比例应该如何?当然空间的功能与空间中的行为特征会影响其形式与比例。如果是个正方形,其性质稳定,如果长度增加,将富于动态。事实上我们对于建筑实际量度的感知,对于比例和尺度的感知,都不是准确无误的。透视和距离的误差以及文化的偏颇都会使我们感觉失真。例如:约70%的人心理知觉高度比实际的高度要高1/5左右。15 ~ 20m²的房间,天花板高度低于230cm时,人有压迫感,身高与高度的心理知觉似乎无相关关系,但身高越高,压迫感越大。

因此前辈们尝试着在视觉结构的各个要素之间建立秩序感与和谐感,形成了比例系统。在建筑形式与空间处理方面,比例系统不仅仅是功能与技术的决定因素,而是为其提供了一套美学理论。通过将建筑的各个局部归属于同一比例的方法,比例系统可以使建筑设计中的众多要素具有视觉统一性。

比例系统能够使空间序列具有秩序感,加强其连续性,还能在建筑的室内和室外的各个要素之间建立关系。

历史进程中,已经逐渐形成许多关于"理想"比例关系的理论。在各个历史时期,为设计指定一个比例系统,并传授其方法是人们共同的心愿。虽然,在不同的历史时期采用的比例系统不同,但是他们的基本原则以及设计者的价值却始终如一,那就是建立和谐感与秩序感。以下简要介绍3个重要的比例系统:

### (1)黄金分割比

黄金分割比的定义是:一条线被分为两段,两段的比值或者一个平面图形的两种尺寸之比,其中短段与长段的比值等于长段与二者之和的比值(图6-17)。

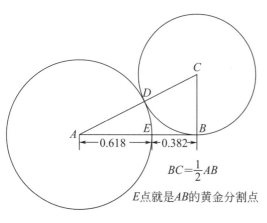

$$BC=\frac{1}{2}AB$$

E点就是AB的黄金分割点

● 图6-17 黄金分割

边长比为黄金分割比的矩形,称为黄金矩形。如果在矩形内以短边为边作正方形,原矩形余下的部分将又是一个小的相似的黄金矩形。无限地重复这种做法,可以得到一个正方形和矩形的等级序列。在这种变化的过程中,每个局部不仅与整体相似,而且与其余部分相似(图6-18)。

帕特农神庙的立面是一个黄金矩形,如图6-19所示,分别表示了对其立面在划分时如何使用黄金分割比例的分析,从这两种分析中可以看出:虽然两个分析图开始的时候都是把该立面放在一个黄金矩形中，但是每张分析图证明黄金分割存在的方法却彼此不同，因而对正立面的尺寸、几个构件的分布等分析效果也不同，这是很有趣的。

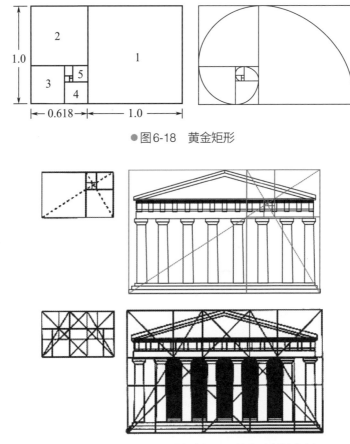

●图6-18　黄金矩形

●图6-19　帕特农神庙是建筑中运用黄金分割的典例

### （2）柱式

古希腊或罗马的古典柱式以及各部分的比例尽善尽美地体现了优美与和谐。柱径是基本的度量单位，柱身、柱头以及下面的柱础和上面的柱檐直到最小的细部都出自这个模数。柱间距，即柱与柱之间的距离系统，也同样以柱径为基础。这样做的目的是保证一栋建筑物所有的局部都成比例，并且互相协调（图6-20）。

### （3）模度尺

人体比例是指人体尺寸与比例的测量值。文艺复兴时期的建筑师把人体比例看作一个证明某些数学比值、反映宇宙和谐的证明。但人体的比例方法，寻求的不是抽象或象征意义的比值，而是在功能方面的比值。它们预言了这样的理论，即建筑的形式和空间不是人体的容器就是人体的延伸，因此建筑的形式与空间应该决定于人体的尺寸。

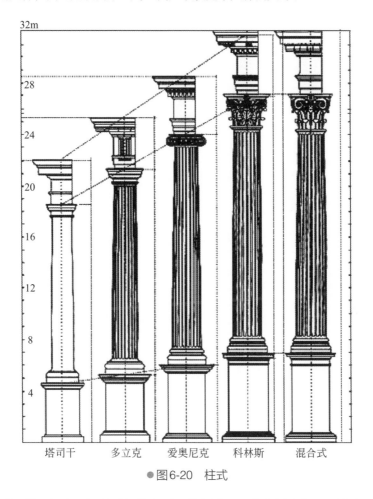

● 图6-20　柱式

人的感觉是勒·柯布西耶最重视的主题，他创建了一个比例系统——模度尺，用于确定"容纳与被容纳物体的尺寸"，并严格标注了人坐、行、起立的各个高度、幅度的尺寸。他把希腊人、埃及人以及其他高度文明的社会所用的度量工具视为"无比的丰富与微妙，因为他们造就了人体数学的一部分，优美、高雅，并且坚实有力，是动人心弦的和谐之源"。因此，勒·柯布西耶将他的度量工具——模度尺，建立在数学（黄金分割的美学度量和斐波那契数列）和人体比例（功能尺寸）的基础上。勒·柯布西耶的研究始于1942年，1948年发表了《模度尺——广泛用于建筑和机械之中的人体尺度的和谐度量标准》，第二卷《模度尺Ⅱ》于1945年出版。

模度尺的基本网格由3个尺寸构成：113cm、70cm、43cm。按黄金分割划分比例：

43+70=113

113+70=183

113+70+43=226（2×113）

113cm、183cm、226cm确定了人体所占的空间。在113cm与226cm之间，柯布西耶还创造了红尺与蓝尺，用以缩小与人体高度有关的尺寸等级（图6-21）。

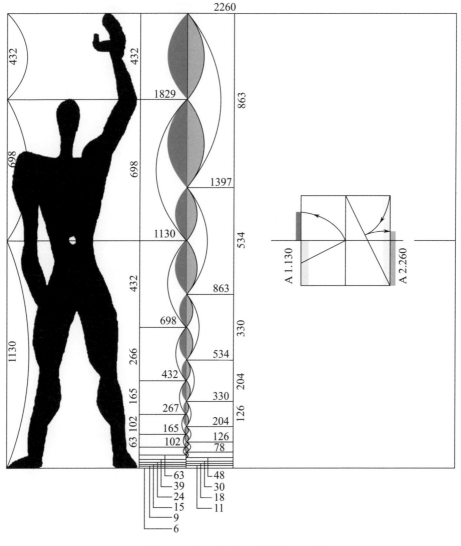

图6-21　红尺与蓝尺（单位：mm）

　　柯布西耶不仅将模度尺看成一系列具有内在的和谐数字，而且是一个度量体系，它支配着一切长度、表面和体积，并"在任何地方都保持着人体尺度"。"它是无穷组合的助手，确保了变化中的统一"。柯布西耶用这些图表说明采用模度比例能够得到的板材尺寸与表面的多样性（图6-22）。

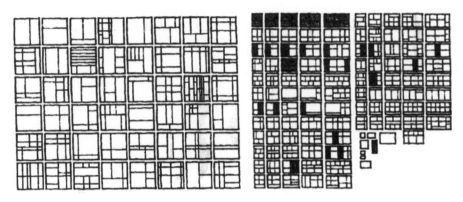

●图6-22　变化与统一

　　柯布西耶运用模度尺的典型作品是马赛公寓。它采用了15种模度尺的尺寸，将人体尺度运用到一个长140m、宽24m、高70m的建筑物中（图6-23）。

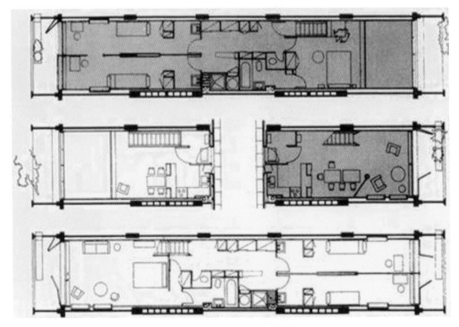

●图6-23　马赛公寓平面布局图

## 6.2.5 尺度

比例是关于形式或空间中的各种尺寸之间有一套秩序化的数学关系，而尺度则是指我们如何观察和判断一个物体与其他物体相比而言的大小，是指某物比照参考标准或其他物体大小时的尺寸。因此，在处理尺度的问题的时候，我们总是把一个东西与另一个东西相比较。对建筑师而言视觉尺度是非常重要的，它不是指物品的实际尺寸，而是指某物与其他正常尺寸或环境中其他物品的尺寸相比较时，看上去是大还是小。

当我们说某物尺度较小时，我们通常是指该物看上去比通常尺寸小。同样，某物尺度大，则是因为它看上去比正常尺寸或预想的尺寸大。当我们谈到某一方案的规模是以城市为背景时，我们所说的就是城市尺度；当我们判断一栋房屋是否适合它所在的城市位置时，我们所说的是邻里尺度；当我们注重沿街要素的相对大小时，我们所说的就是街道尺度。关于一栋建筑的尺度，所有的要素，无论它是多么平常或不重要，都具有确定的尺寸。其量度或许已被生产商提前决定，或许它们是设计师从众多选择中挑选而来的。无论如何，我们是在与作品的其他局部或整体的比较中观察各个要素的。例如，建筑的立面上窗户的大小和比例，在视觉上与其他窗户以及窗户之间的空间和立面的整个大小相关，他们就形成了一种尺度。然而如果有一个窗户比其他窗户大，它将在立面构成中产生另外一个尺度。尺度间的跳跃可以表明窗户背后空间的大小和重要性，或者它可以改变我们对于其他窗户大小的感知，或者改变我们对于立面总体尺寸的感知。

许多建筑要素的尺寸和特点是我们熟知的，因而能帮助我们衡量周围其他要素的大小。例如住宅的窗户单元和门口能使我们想象出房子有多大，有多少层；楼梯或某些模数化的材料，如砖或混凝土块能帮助我们度量空间的尺度。正是因为这些要素为人们所熟悉，因此，这些要素如果过大，也能有意识地用来改变我们对于建筑形体或空间大小的感知。

有些建筑物和空间有两种或多种尺度同时发挥作用。弗吉尼亚大学图书馆的入口门廊，模仿罗马万神庙，它决定了整个建筑形式的尺度，同时门廊后面入口和窗户的尺度则适合建筑内部空间的尺寸。

兰斯大教堂向后退缩的入口门拱是以立面的尺寸为尺度的，而且在很远的地方就能看到和辨认出进入教堂内部空间的入口。但是，当我们走近时就会发现，实际的入口只不过是巨大的门拱里的一些简单的门，而这些门是以我们本身的尺寸，即人体尺度为尺度的（图6-24）。

在建筑中，人体的尺度是建立在人体尺寸和比例的基础上的。由于人体的尺寸因人而异，因此不能当作一种绝对的度量标准。但是我们可以伸出手臂，接触墙壁来度量一个空间的宽度。同样，如果伸手能触及头上屋顶，我们也能得出它的高度。一旦我们鞭长莫及做不到这些时，就得依靠视觉而不是触觉来得到空间的尺度感。

为了得到这些线索，我们可以利用那些具有人文意义的要素，这些要素的量度与我们的姿态、步伐、臂展或拥抱等人体量度有关。一张桌子或一把椅子、楼梯的踢面或踏面、窗台、门上的过梁等，这些要素不仅可以帮助我们判断空间的大小，还可以使空间具有人的尺度。

相比之下，具有纪念性尺度的东西使我们感到渺小，而尺度亲切的空间则使我们感到舒适，能够控制或营造非常重要的气氛。在大型旅馆的休息厅里，将桌子和休息座椅布置得具有亲近感会使空间具有开阔的感觉，同时在大厅中划分出舒适的、具有人体尺度的区域。通向二层阳台或阁楼的楼梯会使我们领悟竖向的垂直量度，并且暗示了人的存在。一堵空白墙上的窗户使人联想到窗内的空间，并产生有人居住的印象。

●图6-24　兰斯大教堂

在房间的3个量度中，与长度和宽度相比，高度对房间尺度的影响更大一些。房间的墙壁起着围合的作用，而头上的顶棚高度则决定了房间的保护性和亲切性。同样大小的房间，抬高屋顶的高度比增加其宽度所产生的效果更明显，并且对房间的尺度影响大得多。对于大多数人来说，3.6m×4.8m的房间采用2.8m净高是令人舒服的，而15m×15m的空间也用2.8m高的屋顶就会感到压抑。影响房间的垂直量度的因素还包括：房间表面的形状、色彩、图案，门窗开洞的形状与位置，以及房间中物品的尺度和性质。

## 案例
### 日本东北部灾后小建筑

岩手县的山田镇是2011年3·11海啸受灾最严重的地区之一。镇上的志愿消防员在灾难来临时帮助了许多镇上的居民，有的自己却失去了工作，甚至无家可归。

来自京都的建筑师Shinsaku Munemoto与来自立命馆大学建筑学专业的学生以及当地的木匠一起建造了这座位于岩手县宫古市86m²的交流中心。建筑就像一半20面体的足球，由若干木板搭建而成，五边形的窗则是以很容易得到的塑料薄膜覆盖（图6-25）。

●图6-25　日本东北部灾后小建筑

## 6.3　环境生理学

环境生理学主要研究各种工作环境、生活环境对人的影响以及人体做出的生理反应。通过研究，将其应用于建筑设计中，使建筑空间与环境更有利于人的安全、健康和舒适。

### 6.3.1 环境要素参数

按照人体的生理要求，通常把环境因素的适宜性划分为四个等级，即不能忍受的、不舒适的、舒适的和最舒适的。

### 6.3.2 视觉、听觉与环境

#### 6.3.2.1　视觉与环境

建筑以"形""光""色"具体地反映着建筑的质感、色感、形象和空间感，表现出建筑的尺度比例、明暗轮廓、差异对比、统一和谐、韵律结构、层次与流通、肌理与质地、积聚与分割、俯视与仰视、环境与空间、情调与意蕴、智巧与美感等。视觉正常的人主要依靠视觉体验建筑和自然环境。

人的视觉特性包括视野、视区、视力、目光巡视特性及明暗适应等几个方面。

视角是人眼能够区别开来的两个最近的刺激物与人眼形成的夹角。视距是眼睛到被视对象之间的距离。实际上，两眼相距约60mm，可看清物体时，最佳距离在34.4m以内，这是歌剧院的最大视距（看清演员大致表情的视距要求）。视野指脑袋和眼睛固定时，人眼所能察觉的空间范围。正常人的视野范围如图6-26所示。单眼视野竖直方向约130°，水平方向约150°。双眼视野在水平方向重合120°，其中60°较为清晰，中心点15°左右最为清晰。

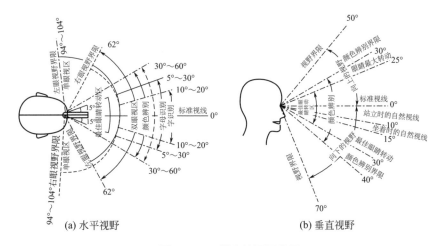

●图6-26　正常人的视野范围

由于不同颜色对人眼的刺激有所不同，所以视野也不同。正常人的色视野如图6-27所示。

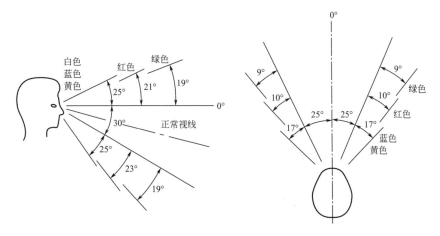

●图6-27　正常人的色视野

#### 6.3.2.2　听觉与环境

**（1）听觉的适宜刺激**

人耳能听到的声波频率范围为16 ~ 20000Hz，在这一范围之外的次声波及超声波是人耳所听不到的。

人耳通常对1000 ~ 4000Hz范围内的中高频声音特别敏感，对这一频率范围内较大强度声音的耐受性也较高。老年人对高频声音的感受性明显下降。

**（2）听觉的生理机制**

声波的物理物质是频率、振幅和波形。听觉的声高、响度和音色均是对声波的物理特质的主观反映。

声波的传导途径有空气传导和骨传导。

耳朵位于眼睛后面，它具有辨别振动的功能，能将振动发出的声音转换成神经信号，然后传给大脑。在脑中，这些信号又被翻译成我们可以理解的词语、音乐和其他声音。人们因为有了耳朵，能分辨各种各样的自然与生物现象；能听到大千世界千奇百怪的声音而充满神圣感。

在解剖学中，耳由外耳、中耳、内耳三部分构成。外耳包括耳郭和外耳道。它的作用主要是收集声音。内耳与中耳相接处亦有薄膜，中耳内的镫骨便与此薄膜相接。内耳为复杂而曲折的管道，故亦称此管道为迷路。该管道分耳蜗、前庭和三个半规管，管内充满淋巴。耳蜗和听觉有关，前庭和半规管则与平衡觉有关。耳蜗内有听觉感受器，由中耳传来声波的振动，会振动耳蜗内的淋巴，于是刺激听觉感受器而产生冲动，再经听神经传至大脑皮层的听觉中枢而产生听觉（图6-28）。

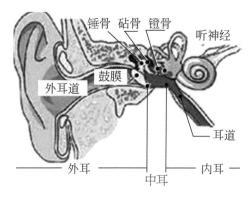

●图6-28　人耳的结构

**（3）人耳对声音频率的分析**

人耳怎样分析不同频率的声音，科学家们提出了各种不同的学说。

① 频率理论。由1886年物理学家罗·费尔得提出。理论认为，内耳的基底膜是和镫骨按相同的频率运动的。振动的数量与声音原有的频率相适应。如果我们听到一种频率低的声音，

连接的卵圆窗的镫骨每次振动次数较少，因而使基底膜的振动次数也较少；声音的振动频率提高，镫骨和基底膜都将发生较快的振动。由于人耳基底膜不能作1000Hz以上的快速振动，但能够接受超过1000Hz以上的声音，因而这个理论难以解释人耳对声音频率的分析。

底膜与镫骨的这种关系，类似于电话机的送话机和收话机的关系。当我们向送话机说话时，它的膜片按话音的频率产生不同频率的振动，使线路内的电流出现变化。在另一端，收话机的薄膜因电流的变化而振动，并产生与送话端频率相同的语音。这种理论也叫电话理论。

不足的是，频率理论难以解释人耳对声音频率的分析。人耳基底膜不能作每秒1000次以上的快速运动。这是和人耳能够接受超过1000Hz以上的声音不相符合的。

② 共鸣理论。在赫尔姆霍茨看来，由于基底膜的横纤维长短不同，靠近蜗底较窄，靠近蜗顶较宽，就像竖琴的琴弦一样，能够对不同频率的声音产生共鸣。声音刺激的频率高，由短纤维发生共鸣作出反应；声音刺激的频率低，由长纤维发生共鸣。人耳基底膜约有24000条横纤维，它们分别对不同频率的声音做出反应，基底膜的振动引起听觉细胞的兴奋，从而产生不同的音调。该理论强调了基底膜的振动部位对产生声音的作用，因而也叫位置理论。

但是人们发现，这种根据并不充分。人耳能够接受的频率范围为20 ~ 20000Hz，最高频率与最低频率之比为1000 ∶ 1，而基底膜上横纤维的长短之比仅为10 ∶ 1。可见，横纤维的长短与频率的高低之间并不对应。

③ 行波理论。行波理论是在20世纪40年代提出的，代表人物为冯·贝克西。基底膜的振动是以行波方式进行的：内淋巴的振动首先在靠近卵圆窗孔处引起基底膜的振动，此波动再以行波沿基底膜向耳蜗的顶部方向传播。不同频率的声音引起的行波都从基底膜的底部即靠近卵圆窗处开始。频率越低，传播越远，最大行波振幅出现的部位越靠近基底膜顶部，且最大振幅出现后，行波很快消失；高频率的声音引起的基底膜振动只局限于卵圆窗附近。

但是行波理论难以解释500Hz以下的声音对基底膜的影响。当声音频率低于500Hz时，它在基底膜各个部位引起相同的运动，并对毛细胞施加了相同的影响。

④ 神经齐射理论。由韦弗尔提出。认为当声音频率低于400Hz以下时，听神经个别纤维的发放频率是和声音频率对应的。声音频率提高，个别神经纤维无法对它们单独作出反应。在这种情况下，神经纤维将按齐射原则发生作用。个别纤维具有较低的发放频率，它们联合"齐射"，就可以对频率较高的声音做出反应。用齐射原则可以对5000Hz以下的声音进行频率分析。频率超过5000Hz，位置理论是对频率进行编码的唯一基础。

（4）听觉尺度

1人面对1人（1 ~ 3m²），谈话伙伴之间距离自如，由于两人的关系亲密，声音也轻；1人面对15 ~ 20人（以下20m²），这是保持个人会话声调的上限；1人面对50人（以下50m²），单方面的交流，通过表情可以了解个人的反应；1人面对250 ~ 300人（以下300m²），单方面的交流，了解个人面孔的上限；1人面对300人以上（300m²以上），完全成为演讲，群众一体化，难以区分个人状态。

人们所期望或允许的室内噪声大小如下。

① 播音室：25 ~ 30dB；

② 音乐室：30 ~ 35dB；

③ 医院、电影院、教室：35 ~ 40dB；

④ 公寓、旅馆、住宅：35 ~ 45dB；

⑤ 会议室、办公室、图书馆：40 ~ 45dB；

⑥ 银行、商店：40 ~ 55dB；

⑦ 餐厅：50 ~ 55dB。

**（5）听觉现象在环境设计中的应用**

人的行为方式同样可以作为解决环境问题的重要方法，例如，麦当劳餐厅就善于利用声音和人的行为之间的关系，适时地对环境进行调控。人少时，音乐轻柔，光线明亮，很多人喜欢在此读书看报或者聊天，从侧面塑造了这一场所的文化形象；而人多的时候，音乐节奏加快，音量加大，在促进食欲的同时，也加快了人们的进餐速度，从而提高了座位的周转。

为了充分制造游人与动物的声音密切接触的机会，必须尽可能地保全和培育动物的声音要素。在声景观设计阶段，就应该结合视觉景观的设计和规划，采用零设计方法。充分考虑用地的自然环境的保全和再生，用景观生态学的理论作为指导，创建丰富的生境系统，为鸟类等小动物提供栖息、迁徙、觅食、繁衍等生存条件（图6-29）。

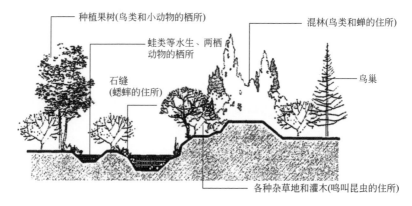

●图6-29　利用水系、植物诱导虫鸟等自然声源

例如，扬州个园的冬山是用纯白的宣石堆叠而成的，远远望去，好像刚下过一场雪，上下全是积雪，使人感到寒气逼人。冬山后面开了24个"风音洞"，风吹入孔洞呼呼作响，好像冬天里的北风在呼啸，加深了意境（图6-30）。

●图6-30　扬州个园冬山

日本园林中水琴窟（图6-31）是利用埋在地下的水缸，按照预留空间的不同，发出不同的水声。在庭院安静的一隅，可欣赏到清脆的水声。类似上面所说的声音游戏广场处，可以将不同高矮的桶埋在地下或伸出地面，人们用脚就可以感受到奇妙的音响。

●图6-31　水琴窟

在拉维莱特公园竹园的入口，莱特奈尔（Bernhard Leitner）借鉴意大利园林中的水剧场，在园内建造了一座声学建筑，被称为"声乐管"。他利用斜坡和竹林环绕的两段半圆形的、带有壁泉和格栅的墙壁，将轻风吹拂的声音、竹叶的沙沙声和潺潺的流水声汇聚在一起，形成一座在此凝听自然之声的"音乐厅"，营造了空灵清雅的戏剧效果（图6-32）。

●图6-32　拉维莱特公园竹园入口

### 6.3.3 环境生理学在建筑设计中的应用

环境条件和人的安全、健康、舒适感有着密切的关系，其中，室内环境要素和人的视觉机能与建筑设计最为密切，下面以展厅展位、隔板高度设计为例，列举视线对设计的影响。

商场、展厅空间尺度如图6-33所示。

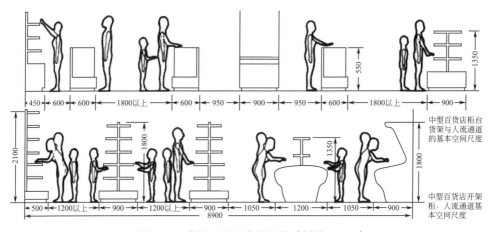

●图6-33　商场、展厅空间尺度（单位：mm）

展架摆置取决于观赏距离和灯光设计，观赏距离和灯光主要受人的视觉生理的影响。重要的展板应布置在高度 H 为 1000 ~ 1600mm 处，向上下延伸高度为 700 ~ 2000mm，仍基本适于布展。展厅展位视线图如图6-34所示。

根据人的视觉习惯的不同，对隔断高度的要求也有所不同。900 ~ 1100mm 高隔断对空间的围合作用小，空间开阔，没有私密性，属低隔断；1100 ~ 1200mm 高度恰与视高相同，会引起不舒适感，故不常采用；1200 ~ 1350mm 的高度范围内，视线在一定角度内还能与周边交流，但已经有了一定的私密感；高度在 1800mm 以上，视线已不能与外界交流，形成了较为私密的活动空间（图6-35）。

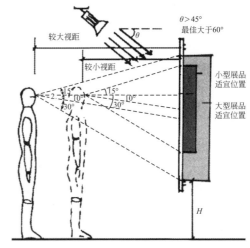

●图6-34　展厅展位视线图

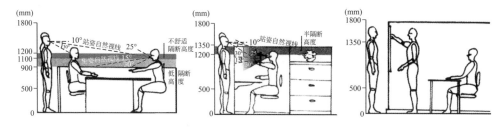

●图6-35　低隔断、半隔断、完全隔断

# 6.4　人的心理、行为与空间环境设计

由于文化、社会、民族、地区和人本身心情的不同，不同的人在空间中的行为截然不同，故对行为特征和心理的研究对空间环境设计有很大的帮助。

## 6.4.1 心理空间

### （1）个人空间

霍尔（E.T.Hall）提到："我们站的距离的确经常影响着感情和意愿的交流。"每个人都生活在无形的空间范围内，这个空间范围就是自我感觉到的应该同他人保持的间距和距离，我们也称这种伴随个人的空间范围圈为"个人空间"（图6-36）。

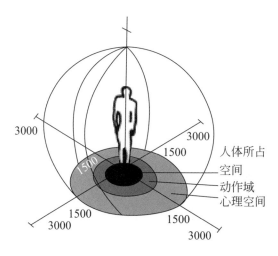

●图6-36　单个人所需要的个人空间

**（2）领域空间**

领域空间感是对实际环境中的某一部分产生具有领土的感觉，领域空间对建筑场地设计有一定帮助。纽曼将可防御的空间分为公用的、半公用的和私密的三个层次，环境的设计如果与其结合就会给使用者带来安心感（图6-37）。

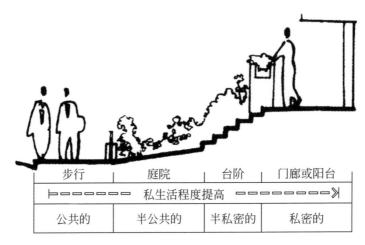

● 图6-37　领域空间

● 图6-38　美国基督医院内的关节和脊柱中心

如图6-38所示，美国基督医院内的关节和脊柱中心。该建筑不仅可以满足室内的自然光线，还为护理者和家属提供了休息的灵活半公共空间。患者房间内布置的落地窗为患者及家属提供了一个舒缓的环境。分散的护理部门分别位于病房的旁边，有利于他们的服务，并保持病人安静地分散活动。

**（3）人际空间**

霍尔将人际交往的尺寸分为四种：亲昵距离（0.15 ~ 0.6m）、个人距离（0.6 ~ 1.2m）、社会距离（1.2 ~ 3.6m）和公众距离（3.6m以上），人的距离随着人与人之间的关系和活动内容的变化而有所变化。

人际交往尺度见图6-39。

● 图6-39　人际交往尺度

交往距离尺度见图6-40。

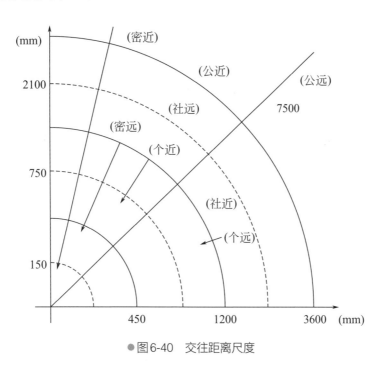

● 图6-40　交往距离尺度

## 6.4.2 心理、行为与空间环境设计

建筑设计与建筑空间环境的营造主要是为了满足人在空间中的需要、活动、欲望与心理机制，通过对行为和心理的研究使城市规划和建筑设计更加满足要求，以达到提高工作效率、创造良好生活环境的目的。以下事例阐述了个人领域空间和人际交往距离的研究对空间功能分区和家具设计的影响。

### （1）向心与背心

独处或需要私密空间的人喜背向而坐，以保持个人空间，向心型、向外型、隔离型家具与环境可为人们创造相对私密、独立的空间环境。交谈的人的个人空间较小，喜相向而坐，有围绕、面对面、向心型家具及环境设计，能够诱发交往行为（图6-41）。

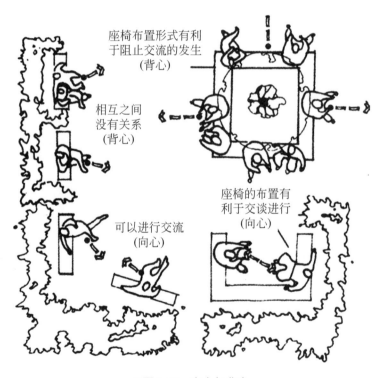

● 图6-41　向心与背心

（2）空间层次

优秀的空间设计应创造适于不同群体交流的场所，根据人际距离和人群不同需求设置空间，应层次丰富，趣味性强，引发交往的产生。

图6-42所示为荷兰De Stoep剧场。剧场的设计重点在于都市建筑的安置和定位，同时从建筑的角度满足编排节目的需求并提供公共入口。剧场内项目的安置意在提供高效率的场内路线，与周围形成合理的关系，而不同容积的房间的设计和安置利用了地皮的自然起伏。观众从剧场的大厅和公共广场得以径直进入两间主要的剧场。一架雕刻的楼梯将剧场大厅和房间入口连接起来。剧场咖啡厅毗邻附近的水域，设计为一个圆形剧场作为第三间剧场。

●图6-42　荷兰De Stoep剧场

07

# 建筑设计趋势

对于人类命运的共同关注是当代东西方文化的共同趋向。随着当今全球化的趋势，建筑创作并没有出现绝对的主流，而是呈现出了多元化的发展格局，各种新颖的设计理念与设计思潮层出不穷。其中，人性化与高情感、艺术化、大型化与综合化、信息化与智能化、生态与可持续发展、民族性与地域性是当今建筑设计比较主流的趋势。

# 7.1　人性化与高情感

当代社会，人们不再满足于物质丰富的要求，而迫切表现出对技术密集生活领域的回避和对健康舒适的生活环境的追求。人性化设计理念力图实现人与建筑的和谐共存，强调建筑对人类生理层次的关怀——让人具有舒适感，也强调建筑对人类心理层次的关怀——让人具有亲切感。"以人为本"实际上就是通过最大限度地迁就人的行为方式，体谅人的情感，实现人类对自身"终极关怀"的追求。人性化理念贯穿于建筑设计过程以及使用过程之中，包括建筑外部空间环境的舒适性和愉悦性，建筑内部空间的高效性与开放性以及在空间设计中表达出对特殊群体（如行动不便者、老人、母婴等）的人性化关怀。

## 案例

### 哥本哈根糖尿病中心

设计师基于创造一个能与大自然对话空间的理念，将室内和室外编织在一起，试图使患者与访客对这里的环境产生好感。

项目的主入口朝南，以确保自然采光，并重点打造了一个起伏的景观一直延伸到室内（图7-1）。一到这里，访客们就会被一个优美起伏的景观迎接，然后被引导进室内。该区域的设计考虑到了好奇心这个因素——所以从一开始病人和访客必须感

●图7-1　起伏的景观一直延伸到室内

受到欢迎的姿态，并被"诱惑"着进行下一步探索。

中心专为患者、亲属和工作人员设计的公共区域围绕着小型"主题广场"组织。例如"营养广场"旁的食品实验室和咖啡厅，"知识广场"旁边的图书馆和展览空间，"健身广场"旁边的健身房和训练室，以及"展览广场"旁边的工作室（图7-2）。

●图7-2　公共区域围绕着小型"主题广场"组织

## 7.2　信息化与智能化

今后建筑科技将围绕保护环境、节省资源、降低能耗而展开。建筑智能技术的发展要为生态、节能、太阳能等在各种类型现代建筑中应用提供技术支持，实现生态建筑与智能建筑相结合。建筑智能技术是以建筑为平台，兼备建筑设备、办公自动化及通信网络系统，集结构、系统、服务、管理及它们之间的最优组合，向人们提供一个安全、高效、舒适、便利的建筑环境。

生命建筑的发展离不开智能建材，智能建材是除作为建筑结构外，还具有其他一种或数种功能的建筑材料，如一些智能建材具有呼吸功能，可自动吸收和释放热量、水汽，能够调节智能建筑的温度和湿度。

光学纤维技术、纳米技术、声控技术和有效利用自然能源是建设智能生态建筑的关键技术之一，随着科技的进步，这些技术日趋成熟。建筑智能化已不再是梦想，在不久的将来，智能建筑将被广泛地修建，以造福人类。

诺贝尔奖得主Rid Smalley逝世前曾列出了人类未来50年所面临的十大挑战问题。首先是能源，第二是水，第三是食品，第四是环境，第五是贫穷，第六是恐怖主义，第七是战争，第八是疾病，第九是教育，最后是民主与人口。如果建筑能做到更加人性化和更加环保，就可以全部或者部分地解决上述前五位和第八位问题。

未来，建筑可能会通过综合利用可再生能源、促进水循环利用，并将太阳能转化成电能为紫外波段的LED供能，使建筑物内植物昼夜都可以进行光合反应，吸收二氧化碳，排出氧气，从而实现建筑和植物果树的完美融合，让我们的生活更加生态。在当下，一个与我们息息相关的产业正在发生裂变，这就是智能家居。

进入21世纪，人们对建筑的要求不再局限在使用功能上，崇尚艺术、追求绿色和建筑智能化将成为建筑师们设计的主流思想。2016年11月3日，中国工信部发布《信息化和工业化融合发展规划（2016～2020年）》。规划明确：到2020年，生产方式精细化、柔性化、智能化水平显著提升，关键工序数控化率达50%，智能制造关键技术装备、智能制造成套装备、智能产品研发和产业化取得重大突破，新型智能硬件产品和服务市场规模突破万亿元。

智能家居是在物联网的影响之下物联化的体现。智能家居通过物联网技术将家中的各种设备（如音视频设备、照明系统、窗帘控制、空调控制、安防系统、数字影院系统、网络家电以及三表抄送等）连接到一起，提供家电控制、照明控制、窗帘控制、电话远程控制、室内外遥控、防盗报警、环境监测、暖通控制、红外转发以及可编程定时控制等多种功能和手段。与普通家居相比，智能家居不仅具有传统的居住功能，兼备建筑、网络通信、信息家电、设备自动化，集系统、结构、服务、管理为一体的高效、舒适、安全、便利、环保的居住环境，提供全方位的信息交互功能，帮助家庭与外部保持信息交流畅通，优化人们的生活方式，帮助人们有效安排时间，增强家居生活的安全性，甚至为各种能源费用节约资金。

智能家居概念的起源很早，但一直未有具体的建筑案例出现，直到1984年美国联合科技公司（United Technologies Building System）将建筑设备信息化、整合化概念应用于美国康涅狄格州哈特福德市（Hartford）的City Place Building时，才出现了首栋的"智能型建筑"，从此揭开了全世界争相建造智能家居的序幕。智能家居兴起是建立在两个方面的质变之上：一方面是互联网的广泛普及，另一方面是消费水平的提升。现在消费者的消费需求，已经不再是过去那种随意的心血来潮，而是在寻求涉及生活多方面的综合解决方案。不论是对建筑装修行业、通信行业，还是家电产品行业，智能家居都是一个发展空间巨大的产业。但前提是要实现诸多行业的融会贯通，或者是跨界的整合。

智能家居又称智能住宅，在国外常用Smart Home表示。与智能家居含义近似的有家庭自动化（Home Automation）、电子家庭（Electronic Home、E-home）、数字家园（Digital Family）、家庭网络（Home Net/Networks for Home）、网络家居（Network Home）、智能家庭/建筑（Intelligent Home/Building），在中国香港和中国台湾等地区，还有数码家庭、数码家居等称法。

智能家居让用户以更方便的手段来管理家庭设备，比如，通过触摸屏、手持遥控器、电话、互联网来控制家用设备，更可以执行情景操作，使多个设备形成联动；另一方面，智能家居内的各种设备相互间可以通信，不需要用户指挥也能根据不同的状态互动运行，从而给用户带来最大程度的方便、高效、安全与舒适。所谓智能家居时代就是物联网进入家庭的时代。它不仅指手机、平板电脑、大小家电、计算机、私家车，还应该包括日常起居、安全、健康、交友，甚至家具等家中几乎所有的物品和生活。其目的是让人们的家庭生活更舒适、更简单、更方便、更快乐（图7-3）。

随着2016年宽带世界论坛的召开，宽带运营商开始评估智能家居市场新的机遇。Strategy Analytics最新研究报告《智能家居市场服务供应商的机遇》指出了智能家居应用系列为运营商打造第五重播放带来的市场机遇。

2020年，消费者将每年在智能家居业务上花费近1300亿美元；据预计，47%或超过600亿美元会被运营商收入囊中。在全球范围内，安全和防护类应用可为运营商带来超过260亿美元的新收益。着重于为消费者提供"平和心态"的自我监测应用的全球收益将会在2020年超过140亿美元。2020年，美国将会成为规模最大的单个国家市场，其市场规模将达210亿美元；西欧的市场规模将会达到近100亿美元。

●图7-3　智能家居

HomeKit是苹果2014年发布的智能家居平台。2015年5月15日，苹果宣布首批支持其HomeKit平台的智能家居设备在6月上市；2016年6月13日，苹果开发者大会WWDC在旧金山召开，会议宣布建筑商开始支持HomeKit。如今经过两年的开发与建设，这一平台终于在家庭自动化市场中站稳脚跟。

苹果和建筑公司Lennar在美国加利福尼亚州搭建了一间四房公寓，装配了价值3万元的智能家居产品，都是苹果之外的品牌，包括自动遮光系统、触摸屏幕、智能门锁等系统设备，而这些硬件都将由苹果的HomeKit连接，它以一个应用的样式内置在iOS当中。在这个样板间里，房间主人进门口和Siri说了声"Hello"，HomeKit就会自动打开灯光、接通音响播放音乐，同时启动浴缸的热水阀。这是苹果在推广智能家居上的新尝试。

在Home Kit席卷智能家居市场的同时，中兴智能家居与京东智能签署战略合作协议，双方将依托各自优势，资源互补，共同布局智能家居领域。

海尔作为全球大型家电第一品牌，一直以来致力于推动智慧家庭互联互通标准化进程，打造最佳用户体验。海尔认为智慧生活战略的本质就是让用户的衣、食、住、行变得更便捷、更简单、更健康、更舒适，因此，早在2014年就开始布局智慧生活生态平台的建设，并推出了全球首个全开放、全个性、全交互的U⁺智慧生活开放平台，搭建厨房美食、卫浴洗护、起居、安防、娱乐五大智慧生态圈，为用户提供闭环的智慧生活场景体验。

以厨房场景为例，馨厨冰箱将用户和食品商家直接联系起来，让用户透过屏幕获得从田间到餐桌全流程一站式放心食材的健康美食生态服务，用户通过馨厨冰箱可以直接买到原产地龙凤山的"稻花香2号"、正宗的科尔沁牛肉等。为了保障食材的新鲜，海尔还整合了中国第一冷链宅配平台"九曳"供应链，可在48h内将波士顿龙虾送到用户家中。

不仅如此，用户通过馨厨互联网冰箱购买食材后，冰箱还会为用户提供营养师推荐的菜谱，并将菜谱发送给烤箱和灶具，智能终端自动调节程序，提供健康的烹制方案，餐后，洗碗机会根据馨厨冰箱发送的指令，根据晚餐油腻程度设定洗涤程序。电器间相互通信，让用户尽享便捷、舒适、健康、安全的厨房美食生态。

2016年8月22日，海尔成为家电行业唯一当选国家智能制造标准化总体组的企业，参与拟定智能制造标准建设，全面推进智能制造标准落地。

2016年9月9日，工信部又联合海尔U⁺成立中国智慧生活产业联盟，目的就是为了打破目前行业各自为战、闭门造车的现状，聚合智慧生活全产业链的优势资源，构建真正自主的、可管可控、可持续发展的智慧生活产业生态体系。据说中国智慧生活产业联盟成立后，海尔

U⁺除了牵头为中国智慧生活制定标准，还将为参与企业提供产品全生命周期的支持，包括技术支持、设计支持和测试支持等。

截至2016年底，U⁺已接入包括海尔所有智能产品和其他第三方深化产品在内的120类产品品类和资源，接入网器数量超过500万台。还吸引了包括谷歌、苹果、华为、魅族、微软、全球一流安防企业Risco、中国气象局公众气象服务中心、百度云、腾讯微信等众多企业参与合作。

中兴通讯于2016年9月发布基于"单品、开放、融合"的智能家居战略，将重点布局三大战略单品，其中包括物联网路由器、智能摄像机和智能门锁。此次合作达成后，中兴家庭互联、智能家居全系列单品将依托京东商城为平台推广销售，并在产品设计、推广、销售上与京东智能展开深入合作，共同开发智能家居市场。而作为京东3C数码智能家居Top品牌，京东商城给予中兴通讯重点支持，共同给消费者创造更舒适便捷的智能家居生活体验。

另一方面，京东作为国内最大的自营式电商，将引入首个互联网智能门锁自营单品，与中兴通讯共同为用户提供更加舒适智能安全的门锁体验，打造互联网智能门锁典范。双方将以京东平台首个自营智能门锁单品为契机，围绕智能家居技术、产品、品牌、渠道等方面展开多方位、多层次的深度合作，共同在渠道和营销上进行探索，利用各自优势，共同推动智能家居在国内的普及。

无论怎样，家居生活迈向智能化是必然趋势，因此，智能家居作为一个产业蓝海，前景不可估量。随着物联网、云计算等新兴技术相继进入智能家居产业，多样化的产品逐渐形成智能生态圈，产品的成本也逐步向平民化的趋势迈进。从有线到无线、从概念炒作到应用实施，经过十几年的发展历程，智能家居终于实现了质的跨越，并将彻底改变我们的生活。

## 案例

## 碧桂园 Park Royal 智能家居安防系统

在互联网技术高速发展的今天，世界各地都在为实现智慧城市目标而努力。而对于智慧城市的打造，则体现在每家每户的智能安防系数上。对于智能家居，安防系统始终是基本标准。碧桂园 Park Royal 给业主提供了智能时代的创新居家体验。

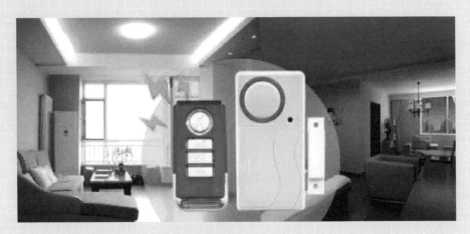

●图7-4　智能无线门窗磁感应

一、智能无线门窗磁感应

如图7-4所示，无需布线，直接安装在门窗内侧，无线传输距离隔墙可达20m，空旷空间更可达100m。体积小，外形简洁美观，在保证家居安全的同时，不影响家装的视觉美观。

无线设计，即使千里之外，也能通过手机APP随时开启门窗，如果长时间外出不在家，一旦有非法人员撬开门窗，即刻报警，并发送数据到业主的手机上，第一时间做出防卫保护。

二、智能红外人体感应系统

如图7-5所示，采用红外、微波多普勒信号，双重分析技术，当非法入侵者进入其探测区内时，能自动进行精准运算处理与判断，即刻向无线报警主机，发送无线报警信号。同时将危险信号发送到业主手机和物业管理中心，业主还可以自主选择感应器的报警声音和音量，最高达130dB警笛鸣响，增强家中保安系统的警戒性，全方位保障家中的安全。

三、室内煤气探头

如图7-6所示，采用新一代的高精度传感器和多场景多算法滤波技术，一旦发生煤气泄漏，探头检测到一氧化碳浓度上升，会触发其蜂鸣器发声的频率，一声清脆的和弦声提示，不慌不忙中，即可消除安全隐患。

195

●图7-5　智能红外人体感应系统　　　●图7-6　室内煤气探头

　　当业主不在家时，智能网关同时向业主手机推送消息，更可联动智能切断阀切断气源，联动智能插座自动开启排风扇，最快时间内降低煤气浓度。无论何时何地，厨房的安全都被牢牢守护着。

## 7.3　建筑形态艺术化

　　建筑艺术是按照形式美的规律，运用独特的艺术语言，使建筑具有文化价值和审美价值，它是通过建筑形象表现出来的。随着城市的发展和人们建筑审美的提升，建筑形象在建筑设计中的地位越来越突出，建筑的形象包含客观形象和审美的双重含义，它构成手法多样，对人的感染力也多种多样。不同特性的建筑要求具有与之相配的建筑形式，比如纪念性建筑或者其他需要表现庄严的公共建筑应使用对称的建筑形式，它给人端庄、雄伟、严肃的感觉，而不对称均衡较对称均衡显得轻巧、活泼，对于庄严的建筑就不适用了。不仅建筑本身存在韵律，建筑和建筑之间也存在韵律。韵律是任何物体各要素重复出现所形成的一种特征，一个建筑物的大部分艺术效果，是依靠这些韵律关系的协调性、简洁性来取得的。不同建筑物之间的韵律能够赋予城市以音乐美，从而给城市规划注入了活力。

　　信息时代的来临呼唤着新的空间和造型以体现其时代的特征，现代建筑设计师突破传统，从绘画上吸收发展的营养，现代建筑艺术逐渐走向抽象的表达。

**案例**

## 马尔代夫水下餐厅

如图7-7所示，设计师的设计灵感来自于周边的水生环境，因此极力将海洋美学融入到设计的方方面面：成千上万的贝壳错落有致的悬垂在天花板上，营造出起伏的海浪森林；点缀其中的抽象吊灯则如同闪亮的珊瑚，同时它所散发出来的光芒也仿佛白色的星光在海面泛起的波光；定制的古怪餐椅也仿佛长着许多触手的海葵；餐厅中央是一个玻璃纤维外壳的蚌壳风格酒吧，吧台底下的情景灯光随着时间的推移而不停变化。

图7-7　马尔代夫水下餐厅

最惊奇的是外面的海底世界。通过从天花板一直垂到地板的玻璃窗户，用餐者可以观赏到90多种珊瑚，以及从此路过的鹦嘴鱼、海鳗、珊瑚鱼和蝴蝶鱼群等，给用餐者一段难忘的胜景体验。

# 7.4　大型化与综合化

城市是一个复杂的系统，其功能具有不断增长的复杂性。城市中单一功能的外部空间已不多见，大多数城市广场与街道空间均具有功能的复合性。仅从建筑功能上来看，当前的趋势是向多元复合功能方向发展，即将原来分散的建筑功能集中于一个屋顶之下的混合型建筑，这种集中和相互渗透的过程正在大规模地进行，出现了越来越多的大型、巨型城市综合体建筑。

# 7.5 生态与可持续发展

绿色建筑是指在建筑的全寿命周期内，最大限度地节约资源（节能、节地、节水、节材），保护环境和减少污染，为人们提供健康、适用和高效的使用空间与自然和谐共生的建筑，也称为生态建筑。绿色建筑的设计将向环保型材料和绿色设计两方面发展。

## 7.5.1 使用环保型建筑材料

### （1）环保型建筑材料要求亲和环境

环境亲和的建筑材料应该耐久性好、易于维护管理、不散发或很少散发有害物质（同时也得兼顾其他方面的特性，如艺术效果），当前建筑中的污染物主要来自于石材类、板材类、涂料类及水泥等方面，绿色建筑的发展将催生具有更优性能的环保型材料来取代这些"垃圾"建材。现代基础工程中环保型建材主要包括：新型保温隔热材料、新型防水密封材料、新型墙体材料、装饰装修材料和无机非金属新材料等。虽然这些材料造价相对高一点，但是，伴随着人们对绿色建筑的执着追求，这些材料也将被广泛应用起来。

### （2）环保型建材要求节约资源

有些材料一旦制造出来，其生命周期几乎是无尽的，如以前在中国普遍使用的黏土砖，只要其质量未被破坏，几乎可以一直使用下去，这必然蚕食日益缺少的耕地。因此，要尽可能地使用由可再生原料制成的材料和可循环使用的建筑材料，最大限度地节约资源，减少固体垃圾，这样才符合绿色建筑的发展道路。

## 7.5.2 绿色设计

### （1）更注重对可持续建筑材料的使用

建筑在建造的过程中消耗了大量的资源，如果我们所使用的建筑材料可降解、可回收，将会大大地减少环境压力，节约大量的资源。因此，2015年的绿色建筑设计将会更注重对于可持续建筑材料的使用。

可降解材料可以在不污染环境的情况下实现自然降解。如天然颜料，在传统的颜料中经常含有挥发性的有机化合物，对室内环境造成污染，而天然颜料则可以避免这些状况的发生，使用起来更健康、更环保。

绿色建筑材料将会更多地考虑替代自然资源耗竭型材料，减少对于自然资源的消耗。例如，钢梁是由回收的金属制造而成，除了可以替代木梁，减少砍伐树木，还可以应对不同的气候环境，提供更强的抗力。

### （2）更加关注空气对流设计

绿色建筑设计更加关注天然光和空气的自然流动。在一些项目中，只有对建筑的设计方案稍等调整，就可以很好地利用天然光，实现空气对流，节省资源，使居住者受益。对于菲律宾的城市及商业区的建筑和公寓来说，DMCI 房屋的 Lumiventt 技术已经成为了绿色建筑的一大走势。

Lumen 指自然光，ventus 指风，这种技术提倡在建筑两侧每五层设计一个三层高的花园中庭，按照气体流动的基本原则，将其设计成一个透气的建筑。

### （3）建筑实现零能耗

零能耗建筑是未来绿色建筑设计的趋势。它主要依靠可再生资源，可以脱离电网实现独立运行。零能耗绿色建筑不仅节约能源，还可以减少温室气体排放。

零能耗建筑设计主要利用太阳能、风能、生物燃料或其他可再生能源，为建筑提供电气和空调需求。零能耗建筑在前期的投入比较多，但其节能性及可持续性带来的长远利益在企业看来是一个明智的投资。在2013年，世界绿色建筑趋势报告发现太阳能作为可再生能源，被67%的调查者所使用。

### （4）水重用技术

建筑专家 Jerry Yudelso 提出在建筑中实现"零用水"，呼吁我们应该提高警觉意识，行动起来应对水危机。所有建筑消耗的饮用水占全世界的13.6%，大概每年为150000亿加仑（1加仑 = 3.785L），绿色建筑希望利用水能效系统，将建筑用水量减少15%，Jerry Yudelso 提倡利用保水装置有效地管理城市用水量，对雨水进行收集，实现水回收利用，利用现场污水处理装置净化污水。

### （5）雨洪管理

雨洪管理主要针对暴雨雪对农村地区形成的侵蚀，以及在城市形成的洪水。雨洪管理主要通过景观系统进行管理，植物在雨洪管理系统中发挥重要的作用。

### （6）密封窗和智能玻璃

新型材料作为传统材料的升级，可以更好地解决自然环境的问题，更节能，更环保。绿色建筑使用的密封窗，通过在表面覆盖金属氧化物，在夏季阻挡太阳直线光线，在冬季保持室内温度，大大地降低了空调的成本。

现在已经成为被商业广泛应用的智能玻璃，又被称为点致变色玻璃，使用一点点的电，可以指控离子来控制玻璃反射光线的数量。在太阳热高时变色，晚上则变回透明。

### （7）冷屋面

冷屋面由特殊的砖和反射材料制成，具有很高的太阳反射能力以及散热能力。可以使建筑更加的凉爽，从而减低能耗，给居住者带来舒适的居住体验。从城市层面来讲。冷屋面帮助减轻城市的热岛效应，减少温室气体的排放量。随着绿色建筑的发展，将会更加关注冷屋面技术的应用。

## 7.6  民族性与地域性

德国当代最重要的哲学家之一尤尔根·哈贝马斯在《公共领域的结构转型》一书中提到，"在我们的生活世界中，通过电子传媒，事件在全球变得无所不在，不是同时发生的事件也具有了共时性效果。与此同时，差异消失、结构解体等，都对社会的自我感觉造成了重大的影响。疆域的拓展是与具体角色的多样化、生活方式的多元化以及生活设计的个人化同步进行。丧失根基的同时，也出现了自我群体属性和出生的建构；与平等同时出现的是面对无法透视的复杂制度时权力的空缺。"在全球化背景下，各国文化趋同现象严重。民族文化和地方特色正逐渐被全球化浪潮吞噬，这导致了各国人民的地域意识复苏，人们更加强烈地意识到了保护地域文化多样性的重要与迫切。创造具有地方特色的城市和建筑，有助于让市民获得城市的归属感和荣誉感。

### 案例

#### 佛山新城荷岳步行桥

城市过于快速的发展侵蚀了很多农村生活和民风。项目旨在回归朴实、简约，反映当地原有自然村落的文化印记，打破快速发展的浮躁与乏味，让简单和充满真实的本土情感成为可持续发展理念的重要组成部分。

●图7-8　构思来源

　　项目以步行天桥设计为主体，并配合周边环境的景观、交通进行综合设计。在天桥的造型上是对周边村落之岭南传统建筑群屋檐窄巷的抽象表达，提取其折线再通过参数化的设计给予理性与逻辑，让整个天桥的天际线与周边的建筑高度融合（图7-8）。

　　用材和构造方面，是现代技术与传统文化的邂逅，利用钢结构的灵活和可塑性来实现天桥的空间和造型（图7-9），并以天然的木材刻画纯朴和永恒的质感，亦做到温和地融入在地的建筑语境，隐隐透出对自然、对本土情感怀缅之情的寄托。

　　该项目也是对社会责任及人文的关怀的一次颂扬，是设计师利用建筑对风土文化与城乡融合共存的积极探索。

●图7-9　利用钢结构的灵活和可塑性来实现天桥的空间和造型

## 7.7　集装箱建筑的机动性

　　集装箱也称为货箱或货柜，是一种按照规格标准化生产的箱体货运设备，可反复使用，

● 图7-10　集装箱拱桥

并具有一定强度、刚度和整体性，便于机械装卸。由于集装箱可以方便地进行转移运输，因此大大扩展了它在世界各地的传播和使用。

集装箱建筑并不是一个很有历史的建筑形式。1990年荷兰艺术家Luc Deleu在荷兰霍恩架设起了简洁的集装箱拱桥，集装箱的美感吸引了更多设计师的关注，如图7-10所示。

集装箱进入建筑设计领域到今天仅有二三十年的发展历史，较大规模应用于建筑建造也只有十年的时间。从20世纪90年到20世纪末，陆续有西方艺术家进行集装箱构造物和建筑物的设计尝试，大多进行小型集装箱建筑物的改造实验，偏重艺术性与尝试性。

到2000年，集装箱建筑进入蓬勃的发展期，并形成独特的建筑风格和建造方式。从这个阶段开始集装箱逐步被用于住宅、商店、艺术馆等各种建筑功能用途，并且集装箱作为一种造型工具和结构工具，逐渐展现出独特的魅力和发展潜力。集装箱建筑规模不断增大，建筑高度不断增高，结构利用也更加大胆，箱体在建筑设计上的各种性能也被不断发掘出来。

集装箱建筑既是一种有价值的模块化建筑类型，同时由于集装箱空间、材料等客观条件的限制，也有着自身的局限性。

（1）集装箱建筑的优点

①集装箱本身的固有形态及数据有利于设计师把控，设计、施工更加快捷，也容易激发设计师的想象力，设计灵活多变、不拘一格；

②集装箱的强度韧性很高，使用寿命很长，抗震性良好，安全性可以保证；

③集装箱别墅建筑方便，而且产生的垃圾很少，低耗环保、时尚多变；

④相较于普通住宅的造价，成本低很多，建筑工期短，省钱、省力，又可享受有品质的住宅生活；

⑤装箱别墅能够对土地类的适应性更强，而且还可以移动，兼具临时性和永久性、地方性和全球性等这些普通住宅无法具备的品质。

（2）集装箱建筑的缺点

①集装箱比较小巧简洁，相对于沉稳厚实的混凝土，在气势上不够宏伟高大；

②集装箱采用金属材质，保温性能不如砖石、木头，在材料品质上会有差距；

③在设计时，线条、空间相对受限；

④人们对集装箱有固定认知，不是人人都能接受这种反传统的建造方式。

新时期建筑发展对于低碳、低成本、快速建造、可拆卸等需求，成为了建筑设计领域的一个崭新课题。

集装箱建筑设计市场尤其在西方发达国家，针对集装箱改造建筑进行设计已经成为一种规模化的设计市场，产生了专业化的集装箱建筑事务所，其中美国LOT-EK集装箱建筑设计事务所就是典型代表。该事务所专注于利用集装箱这种工业成品进行建筑设计创作，通过对集装箱可移动建筑，低成本集装箱住宅等集装箱建筑类型的研究，先后完成了Guzman House、Puma City、Container City 2008（获得2008年美国国家设计奖）、韩国APAP集装箱艺术学校（图7-11，获得2011美国建筑学学会奖）等集装箱建筑项目，已经逐渐成为集装箱建筑设计市场最出名的设计事务所。

●图7-11　韩国APAP集装箱艺术学校

日本建筑师坂茂对集装箱这种结构工具在建筑设计上的应用做过深入研究。2005年他设计的纽约游牧博物馆（图7-12），是世界最大的移动博物馆，共使用了148个集装箱。由于集装箱建筑组合、拆卸高度的灵活性，游牧博物馆分别在纽约、洛杉矶及东京展出。福岛大地震过后，板茂设计了女川集装箱集合住宅，由9座2～3层高的集装箱房屋构成。通过箱体的模块化组合、立面的模数化设计，塑造了有秩序而活泼的建筑形象。

●图7-12　游牧博物馆

图7-13所示的是星巴克集装箱咖啡店，这个咖啡店空间很小，仅够放置咖啡机和提供必要的员工工作区。但很有趣，它被认为是其他商业（不需要大型的室内空间）的开创者。

●图7-13　星巴克集装箱咖啡店

●图7-14　New Zeeland on Screen

如图7-14所示，项目New Zeeland on Screen将电视和音乐视频放在货物集装箱上。Kiwi Films机构想要一种特殊的东西吸引使用高科技设施和小器具的游客，所以使用了一些集装箱，把它们改造成互动式的媒体室。

在屋内，人们能体验到最先进的互动式视频墙和许多很棒的应用。客户倾向于古老的装饰，放映经典的电影，带来怀旧的情怀。这个项目的理念是将线下和线上环境结合起来，传播媒体内容，不用再建造博物馆或电影院。

2015年中国集装箱产量为2870000 TEU，占世界产量的95%，出口量为272万个，产量及出口额多年来持续位居世界第一。但是同时每年也会产生接近100万个废旧集装箱，如何处理这些闲置的集装箱日益成为一个亟待解决的问题。与此同时，我国人口众多，城市面临可用地不断减少，人们生活与工作节奏不断加快，促使我国转变传统的建筑方式，大力发展模块化建筑。在这样的大背景下，集装箱建筑作为预制化程度最高的模块化建筑开始在国内逐渐发展起来。

集装箱建筑在国内起步较晚，最初的运用形式也较为单一，组合形态和外观表皮处理比较简单，最为常见的就是工地的临时住房，相信很多人都见过。

近年来，中集集团等集装箱企业开始大力开发集装箱建筑，国内很多高校如同济大学、天津大学、湖南大学、华南理工大学等高校学者也开始关注和研究集装箱建筑的相关设计思路和结构技术，国内集装箱在建筑上的运用也开始越来越多。

2010年7月，中集集团开始组织开展《集装箱模块化组合房屋技术规程》的编制工作，经过3年多的反复论证和试验，该规程通过了专业技术评审，于2013年6月在全国范围内出版发行。在宏观政策的鼓励和产学研各方联合推动下，我国集装箱建筑前景愈发广阔。

## 案例

### 深圳"花样年·家天下｜智慧社区体验馆"

位于深圳的"花样年·家天下｜智慧社区体验馆"（图7-15）这个高颜值的集装箱售楼处曾经在2018年地产和设计界的朋友圈刷屏。

售楼处一般是临时建筑，因此有发展商用集装箱来建造售楼处。集装箱是环保建筑，快速建造，可循环再用，楼盘销售完毕后，既可整体转移到下一个楼盘继续使用，也可留在原地改为配套公建，因此集装箱确实比其他建造形式更适用于临时售楼处。为了让集装箱建筑的品质感达到一个新的高度，设计师用城市雕塑的概念塑造了这个销售中心，并用高端商办的标准进行了室内设计。

● 图7-15　深圳"花样年·家天下｜智慧社区体验馆"

# 7.8　极简主义

极简主义者的宣言是"少即是多"，即最简单的形式、最基本的处理方法、最理性的设计手段求得最深入人心的艺术感受。

简单地说，极简主义就是去掉多余的装饰，用最基本的表现手法来追求其最精华的部分。极简主义建筑采用的艺术元素都本着"简单"进行创作，以追求艺术品的简洁纯粹，尽量保持形式的完美，杜绝一切繁杂干扰。

●图7-16　巴拉甘住宅

●图7-17　克里斯特博马厩

●图7-18　卫星城塔

极简风、简约，这些代名词成为近年建筑、家装领域的流行风格，说到极简不得不提路易斯·巴拉甘（Luis Barragán，1902—1988），他是来自墨西哥的建筑师，第二届普利兹克奖得主。他的作品规模都不大，以住宅为多，常常是建筑、园林连同家具一起设计。

巴拉甘的建筑和景观都非常简单：一堵白墙，一条水池，一处瀑布，一棵大树，就能创造出极其宜人的环境，他所用的都是最平常的几何形态，没有刻意的雕饰，建筑内部采用极简的色彩、装饰、单一的光源，营造出神秘、纯粹的氛围。他的代表性建筑设计有巴拉甘住宅（图7-16）、克里斯特博马厩（图7-17）、卫星城塔（图7-18）等。

谈到极简建筑设计，还有一位设计师不得不提，那就是世界极简主义建筑设计之父克劳迪奥·塞博斯丁(Claudio Silvestrin)。生于1954年的克劳迪奥·塞博斯丁师从意大利设计大师A.G. Fronzoni，毕业于英国最古老的建筑师摇篮——建筑联盟学院。1989年，他于伦敦及米兰创立克劳迪奥·塞博斯丁建筑工作室，业务范围包括奢侈品零售店、美术馆、博物馆、度假区、私人住宅、餐厅以及家具设计。

尽管在建筑界成绩斐然，在克劳迪奥·塞博斯丁的身上却看不到一丝浮躁，他始终保持匠人初心。与此同时，他并不会一味地堆砌纷繁复杂的华丽设计，而是用细腻的思考丰满细节，打造直击人心的低调奢华。克劳迪奥·塞博斯丁最终呈现给世人的作品致力于将人们领进一个独一无二的至臻感官世界，"点石成金"的美誉也由此而来。

对哲学的深刻理解、别具一格的美学视野、清晰的创作思路以及对细节的极致追求在他的建筑作品中体现得淋漓尽致——他的设计朴实却不偏激、简约且灵动、摩登且隽永、沉静却富有生气、优雅却不炫耀浮华。要达到如是平衡，非凡的专业修炼以及瞩目的天才灵感二者缺一不可。

克劳迪奥·塞博斯丁亲自操刀设计了GIADA北京金宝汇旗舰店（图7-19）。GIADA是一个意大利奢侈品品牌，同时也由一家中国公司管理运营。该店的设计灵感来自意大利文艺复兴时期的经典壁画作品——米开朗基罗的《创世纪》。典雅的店内设计，风格与位于意大利米兰拿破仑大道15号的GIADA全球旗舰店一脉相承，奢华高贵，静谧宽阔，彰显了极简主义建筑艺术与商业的完美平衡。

GIADA北京金宝汇旗舰店不仅是一个静谧优雅的时尚空间，更是一件低调奢华的艺术品。岩壁而走的潺潺泉眼，创世纪般的神谕裂痕，风蚀千年的多洛米蒂岩石屏风，错落有致的斑驳青铜陈列岛，复古隽永的定制全皮试衣间，和谐地构成了具有线条美、几何美的精致的细节。

店内所有天然石材均来自位于意大利2000m高的阿尔卑斯山区的梵尔卡莫妮卡斑岩。这些阿尔卑斯山区独有的珍贵斑岩，经过一系列复杂的工艺和养护后，多用来建筑和包装一些在意大利和世界各地的建筑与古迹，其特殊的硬度、高密度、强度和恒久不易掉色的特性，与GIADA高级成衣系列一直选用的顶级天然面料以及一贯沿用的意大利传统精湛制衣工艺相得益彰。

● 图7-19 GIADA北京金宝汇旗舰店

# 08

# 设计师与
# 建筑设计

# 8.1　理查德·迈耶的白色建筑情结

理查德·迈耶，美国建筑师。迈耶设计的作品最大的特点是永远有自己的特性，而不是在风格上受别人的影响而迷惑。由于其大胆的风格和值得称颂的忠诚，迈耶创造出颇为独特的粗壮风格。为了在展示方面做得更好，他将斜格、正面以及明暗差别强烈的外形等方面和谐地融合在一起。这种强健的设计呈立方体状，其中包含着纯洁、宁静的简单结构。建筑的视觉感相当强大，也暗指所包括的空间。

迈耶注重立体主义构图和光影的变化，强调面的穿插，讲究纯净的建筑空间和体量。在对比例和尺度的理解上，他扩大了尺度和等级的空间特征。迈耶着手的是简单的结构，这种结构将室内外空间和体积完全融合在一起。通过对空间、格局以及光线等方面的控制，迈耶创造出全新的现代化模式的建筑。

迈耶的作品以"顺应自然"的理论为基础，表面材料常用白色，以绿色的自然景物衬托，使人觉得清新脱俗，他还善于利用白色表达建筑本身与周围环境的和谐关系。在建筑内部，他运用垂直空间和天然光线在建筑上的反射达到富于光影的效果，他以新的观点解释旧的建筑，并重新组合几何空间。

迈耶说："白色是一种极好的色彩，能将建筑和当地的环境很好地分隔开。像瓷器有完美的界面一样，白色也能使建筑在灰暗的天空中显示出其独特的风格特征。雪白是我作品中的一个最大的特征，用它可以阐明建筑学理念并强调视觉影像的功能。白色也是在光与影、空旷与实体展示中最好的鉴赏，因此从传统意义上说，白色是纯洁、透明和完美的象征。"

作为现代建筑中白色派的重要代表，他的白色建筑总是犹如凌波仙子般超凡脱俗，以其颜色上震撼人心的纯净、理性思维和高度精细的构件处理给人们留下了极为深刻的印象，例如，他设计的罗马千禧教堂，是建筑史上白色派的经典之作。

千禧教堂建筑材料包括混凝土、石灰华和玻璃。三座大型的混凝土翘壳高度从56ft（1ft = 0.3048m）

●图8-1　罗马千禧教堂

逐步上升到88ft，看上去像白色的风帆。玻璃屋顶和天窗让自然光线倾泻而下。夜晚，教堂的灯光营造出一份天国的景观。

与周围环境有机结合，特别是三片弧墙的闪亮一笔，使建筑脱胎换骨，室内光线经过弧墙的反射，显得静谧和洒脱（图8-1）。

## 8.2　法国建筑师让·努维尔与巴黎爱乐大厅

从事建筑、设计与艺术领域的人，多少都有些偏执狂特质。如85岁的美国建筑师弗兰克·盖里（Frank Gehry）会无视旁人对其作品的评价，而像法国建筑师让·努维尔（Jean Nouvel），追求更多的则是对自己作品完成度的苛刻要求（图8-2）。

让·努维尔设计的巴黎爱乐大厅于2015年建成，耗时8年，整个建筑物的铝质外立面像是一些折叠的金属块（图8-3）。

●图8-2　让·努维尔　　　　　　　●图8-3　巴黎爱乐大厅造型设计

这座造价3.87亿欧元的爱乐大厅可容纳2400位观众。出于对演出音效的考虑，让·努维尔将观众席位设置成环形状，围绕着演出大厅中央的舞台。此外，这里还拥有15间排练厅、1个可容纳250人的露天剧场、音乐博物馆、展览馆、媒体中心等（图8-4）。

配合外部造型设计，内部的空间亦设计为了有褶皱的形态（图8-5）。

●图8-4 观众席位设置成环形状

●图8-5 内部的空间设计成有褶皱的形态

## 8.3 贝聿铭与苏州博物馆新馆

●图8-6 贝聿铭

贝聿铭是美籍华人建筑师，1917年生于广州，他的祖辈是苏州望族，他曾在家族拥有的苏州园林狮子林里度过了童年的一段时光。10岁随父亲到上海，18岁到美国，先后在麻省理工学院和哈佛大学学习建筑，于1955年在纽约开设了自己的建筑设计事务所，又成立了"贝聿铭设计公司"（图8-6）。

作为最后一个现代主义建筑"大师"，他被人描述为"一个注重于抽象形式的建筑师"。他喜好的材料有石材、混凝土、玻璃和钢。

作为20世纪世界最成功的建筑师之一，贝聿铭设计了大量的划时代建筑。贝聿铭属于实践型建筑师，作品很多，论著则较少。贝聿铭被称为"美国历史上前所未有的最优秀的建筑家"。1983年，他获得了建筑界的"诺贝尔奖"——普利兹克建筑奖。

贝聿铭的建筑设计有三个特色：一是建筑造型与所处环境自然融化；二是空间处理独具匠心；三是建筑材料考究和建筑内部设计精巧。贝聿铭设计的大型建筑在百项以上，获奖五十次以上。他在美国设计的近五十项大型建筑中就有二十四项获奖。

●图8-7 "灰和白"为基调

"最美的建筑，应该是建筑在时间之上的，时间会给出一切答案。""建筑的目的是提升生活，建筑必须融入人类活动，并提升这种活动的品质，这是我对建筑的看法，我期望人们能从这个角度来认识我的作品。"

苏州博物馆新馆由贝聿铭先生设计，建筑色彩沿用了苏州传统民居的建筑中的"灰和白"为基调（图8-7）。

这种整体式的解读贝聿铭先生的新馆是为要旨，再就是贝聿铭先生在建筑材料、结构细部、室内设计等方面的独特创意。主要可能采用现代钢结构。加之木质边框和白色天花，同时，木贴面的金属遮光条取代了传统建筑的雕花木窗，因此光线柔和，便于调控，以适宜博物馆展陈（图8-8）。

在空间上，书画厅巧用九宫格，中间贯通，对表达条幅式书画的用光和所需墙面十分有利；首层展厅与天窗廊道由墙隔断分开，人漫步廊道，展厅的构架、天花和木边使人联想起中国古建筑的语言，而廊窗外的一个个庭院，由窗取景，若隐若现。而这所有的组织，贝聿铭先生是以非常简明、便捷、出神入化的建筑语言来表达的（图8-9）。

●图8-8 采用现代钢结构

●图8-9 由窗取景

## 8.4 安藤忠雄与京都府立陶板名画庭

安藤忠雄是当今最为活跃、最具影响力的世界建筑大师之一，也是一位从未接受过正统的科班教育，完全依靠本人的才华禀赋和刻苦自学成才的设计大师（图8-10）。

在30多年的时间里，他创作了近150项国际著名的建筑作品和方案，获得了包括普利兹克奖等在内的一系列世界建筑大奖。安藤亦开创了一套独特、崭新的建筑风格，以半制成的厚重混凝土以及简约的几何图案，构成既巧妙又丰富的设计效果。安藤忠雄的建筑风格静谧而明朗，为传统的日本建筑设计带来划时代的启迪。他的突出贡献在于创造性地

● 图8-10 安藤忠雄

融合了东方美学与西方建筑理论；遵循以人为本的设计理念，提出"情感本位空间"的概念，注重人、建筑、自然的内在联系。安藤忠雄还是哈佛大学、哥伦比亚大学、耶鲁大学的客座教授和东京大学教授，其作品和理念已经广泛进入世界各个著名大学的建筑系，成为年轻学子追捧的偶像。

安藤相信构成建筑必须具备以下三个要素。

第一要素是可靠的材料，就是真材实料。这真材实料可以是如纯粹朴实的水泥，或未刷漆的木头等物质。

第二要素是正宗完全的几何形式，这种形式为建筑提供基础和框架，使建筑展现于世人面前；它可能是一个主观设想的物体，也常常是一个三度空间结构的物体。

当几何图形在建筑中运用时，建筑形体在整个自然中的地位就可以很清楚的跳脱界定，自然和几何产生互动。几何形体构成了整体的框架，也成为周围环境景色的屏幕，人们在上面行走、停留、邂逅，甚至可以和光的表达有密切的联系。借由光的影子阅读出空间疏密的分布层次。经过这样处理，自然与建筑既对立又并存。

第三个因素是"自然"；在这儿所指的自然并非是原始的自然，而是人所安排过的一种无序的自然或从自然中概括而来的有序的自然——人工化自然！安藤所谓的自然，并非泛指植栽化的概念，而是指被人工化的自然，或者说是建筑化的自然。他认为植栽只不过是对现实

的一种美化方式，仅以造园及其中植物之季节变化作为象征的手段极为粗糙。抽象化的光、水、风，这样的自然是由素材与以几何为基础的建筑体同时被导入所共同呈现的。

安藤的成功归因于他广泛多方面的阅读与旅行，亲身体验这些历史建筑而获得启发，直到今天他仍持续而不间断阅读与旅行。安藤第一次感觉到建筑空间的存在，是置身于罗马万神庙之中。安藤曾说道："我所感觉到的是一个真正存在的空间。当建筑以其简洁的几何排列，被从穹顶中央一个直径为9m的洞孔，所射进的光线照亮时，这个建筑的空间才真正地存在。在这种条件下的物体和光线，在大自然里是不会感觉到的，这种感觉只有通过建筑这个中介体才能获得，真正能打动我的，就是这种建筑的力量。"

# 8.5　伊拉克裔英国女建筑师扎哈·哈迪德

●图8-11　扎哈·哈迪德

扎哈·哈迪德（Zaha Hadid，图8-11），伊拉克裔英国女建筑师。2004年普利兹克建筑奖获奖者。1950年出生于巴格达，在黎巴嫩就读过数学系，1972年进入伦敦的建筑联盟学院AA（Architectural Association）学习建筑学，1977年毕业获得伦敦建筑联盟AA硕士学位。此后加入大都会建筑事务所，与雷姆·库哈斯（Rem Koolhaas）和埃利亚·增西利斯（Elia Zenghelis）一道执教于AA建筑学院，后来在AA成立了自己的工作室，直到1987年。1994年在哈佛大学设计研究生院执掌丹下健三（Kenzo Tange）教席。

哈迪德的设计一向以大胆的造型出名，被称为建筑界的"解构主义大师"。这一光环主要源于她独特的创作方式。她的作品看似平凡，却大胆运用空间和几何结构，反映出都市建筑繁复的特质。

扎哈·哈迪德的现代主义有以下三种模式。

① 信仰新的结构方式。现代主义裨益自新科技，不管是空闲还是其他价值，现代主义者都可对任何资源做最有效的运用。这种"过度"导致对全新事物、对未来、对乌托邦的超乎

现实的夸大。也因此导致了形的消失，导致造型的极度简化。

② 信仰新视点。其实我们已进入一个新世界，只是我们并未看出这点，我们仍沿用被教导的旧视点。唯有真正张开眼睛、耳朵或心灵来感知自己的存在，如此我们才会得到真正的自由。

③ 重新诠释现代主义的现实性。结合上述两者，将新的认知转化为现存造型的重组。这些新的形体成为新现实的原型，在其中，所有事物重组、溶解后重回原点。借由新方式重现新事物，我们可建立新世界并居住其中，即使仅经由视觉。

扎哈即属上述的三种现代主义者，她并未发明新的构造或技术，却以新的诠释方法创造了一个新世界。以拆解题材和物件的方式，找出现代主义的根，塑造了全新的景观，任由观者邀游。"我自己也不晓得下一个建筑物将会是什么样子，我不断尝试各种媒体的变数，在每一次的设计里，重新发明每一件事物。建筑设计如同艺术创作，你不知道什么是可能，直到你实际着手进行。当你调动一组几何图形时，你便可以感受到一个建筑物已开始移动了。"

澳门沐梵世酒店、澳大利亚黄金海岸锥形塔楼、迪拜ME酒店、南京青奥中心双子塔等都是她的代表力作。

●图8-12　澳门沐梵世酒店

**（1）澳门沐梵世酒店**（图8-12）

沐梵世酒店作为扎哈的遗作之一，是扎哈设计美学和精神的一种延续，从设计和建造工艺上，都刷新了整个业界的高度。其设计灵感来源于中国传统玉雕流畅的曲线，其惊艳前卫的建筑风格，不仅有着极为强烈的视觉震撼效果，更是一举革新了酒店业的设计和建造模式。这是全世界第一座采用"自由形态外骨骼结构"的大楼，其具有流畅的线条、优美的曲线造型，设计大胆又不突兀。

●图8-13　"8"字形的镂空部分

215

●图8-14　塔楼之间的中庭直通酒店顶部

●图8-15　功能区

●图8-16　廊桥创造的独特空间

　　建筑的中央部分有着"8"字形的镂空部分（图8-13），初看有点抽象甚至扭曲，却增加了酒店建筑的律动感。这些不规则的镂空结构成就了建筑的形态，这样的建筑结构难度非常高，耗费了28000t钢材、48000m²玻璃材料、70500m²钢筋混凝土，建筑外立面布满玻璃，创造建筑晶透的外观感受。

　　酒店由两个贯穿底层和顶层的塔楼组成。塔楼之间的中庭直通酒店顶部（图8-14），贯穿了酒店外部的镂空空隙，将北面与南面连接起来。这些镂空结构成为连接酒店内部公共空间和城市景观的窗口。

　　作为世界领先的酒店之一，沐梵世酒店内部必须具备高度的灵活性和适应性来满足各种功能分区的不同要求。建筑外部的网状结构代替了传统的柱子和承重墙，让室内空间更加完整，而酒店内各种复杂的功能区（图8-15）都被合理地安置在这样一个造型完整的建筑单体之中，内部空间充满各种几何图案的，如梦如幻，令人惊叹。

　　在横跨中庭的自由形态的空隙之间，一系列的廊桥（图8-16）为餐厅、酒吧和客人休息室创造了独特的空间。

　　位于酒店40楼的天际游泳池（图8-17）设计非常吸引人，配合建筑复杂的外观，利用干净的线条打造出充满了现代简约的开放空间。平均水深1.2m，距离地面130m，营造出飘然云端的独特体验感。

●图8-17　天际游泳池

**（2）澳大利亚黄金海岸锥形塔楼**（图8-18）

这是扎哈·哈迪德设计的第二个澳大利亚摩天大楼项目。澳大利亚黄金海岸锥形塔楼建筑为44层，是总共提供370套公寓以及配置69间客房的高端酒店。这两座建筑均为哈迪德设计，有着雕塑感的弧线玻璃造型，让人联想到肌肉肌腱的组织，屹立于一个弧形平台之上。每座住宅塔楼看起来就像是一个有机的形体，自底座向上延伸的弯曲线条相互交错，形成一个流动、活力的感觉。

该综合体作为"城市首个致力于艺术的私人文化区"，还设置了艺术画廊、博物馆以及一些雕塑花园，同时配置商店、餐厅和地下水族馆。

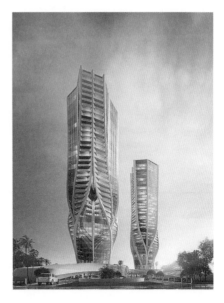

●图8-18　澳大利亚黄金海岸锥形塔楼

# 参考文献

[1]　顾大庆，柏庭卫.建筑设计入门.北京：中国建筑工业出版社，2010.

[2]　李延龄.建筑设计原理：北京：中国建筑工业出版社，2011.

[3]　布莱恩·布朗奈尔 著，田宗星、杨轶 译.建筑设计的材料策略.南京：江苏科学技术出版社，2014.

[4]　毛利群.建筑设计基础.上海：上海交通大学出版社，2015.